Zhongguo Tese Qiye Xinxing Xuetuzhi Peixun Jiaocai

中国特色企业新型学徒制培训教材

数字技能

人力资源社会保障部教材办公室　组织编写

本书编审人员

主　编：郭　煜　张廷彩

副主编：谢冠怀

参　编：罗茂元　陶　丽　林　琳　陈俊锦　王举俊

主　审：阮强志

中国劳动社会保障出版社

内容简介

本书是中国特色企业新型学徒制培训教材通用素质课程教材中的一种，主要内容包括认识数字技能、数字信息获取能力、数字信息处理能力、数字信息应用能力、数字安全能力。

本书适用于各类企业与职业院校、职业培训机构、企业培训中心等教育培训机构开展中国特色企业新型学徒制培训，也适用于企业岗位技能培训和就业技能培训。

图书在版编目（CIP）数据

数字技能 / 人力资源社会保障部教材办公室组织编写 . -- 北京：中国劳动社会保障出版社，2023

中国特色企业新型学徒制培训教材

ISBN 978-7-5167-5776-5

Ⅰ.①数…　Ⅱ.①人…　Ⅲ.①数据处理 - 教材　Ⅳ.①TP274

中国国家版本馆 CIP 数据核字（2023）第 039594 号

中国劳动社会保障出版社出版发行

（北京市惠新东街 1 号　邮政编码：100029）

*

北京市白帆印务有限公司印刷装订　　新华书店经销

787 毫米 ×1092 毫米　16 开本　9.5 印张　154 千字

2023 年 3 月第 1 版　　2023 年 3 月第 1 次印刷

定价：28.00 元

营销中心电话：400-606-6496

出版社网址：http://www.class.com.cn

前　　言

为贯彻《关于加强新时代高技能人才队伍建设的意见》文件精神，落实《关于全面推行中国特色企业新型学徒制　加强技能人才培养的指导意见》（人社部发〔2021〕39号）有关要求，适应规范化、标准化、制度化开展企业新型学徒制培训对教材的需求，建立完善适应新时代企业新型学徒制培训需求的高质量教学资源体系，人力资源社会保障部教材办公室组织有关行业、企业、院校和培训机构的专家编写了中国特色企业新型学徒制培训教材。

中国特色企业新型学徒制培训教材依据国家职业技能标准、职业培训课程规范等进行开发。以培养劳模精神、劳动精神、工匠精神为引领，主动对接学徒生产实际，强化职业道德、职业素养及职业能力培养，积极适应产业变革、技术变革、组织变革和企业技术创新等需求。以工作过程、学习行动、问题解决为导向，有机融合理论培训与实践培训内容，贴近学徒实际水平、贴近企业实际需要、贴近岗位工作现场。

中国特色企业新型学徒制培训教材包括通用素质课程教材和专业基础课程教材两类。其中，通用素质课程教材注重对学徒综合素质和可迁移技能的培养，促进其具备良好职业道德、职业素养及职业能力，能够安全胜任岗位工作；专业基础课程教材注重对学徒专业基础知识和基本技能的培养，促进其适应有关职业（工种）技能的学习。

首批开发的中国特色企业新型学徒制培训教材依据通用素质课程培训大纲、机械类专业基础课程培训大纲、电工电子类专业基础课程培训大纲、汽车类专业基础课程培训大纲编写，具体包括《劳模精神　劳动精神　工匠精神》等9种通用素质课程教材，以及机械类、电工电子类、汽车类等专业大类的10种专业基础课程教材。

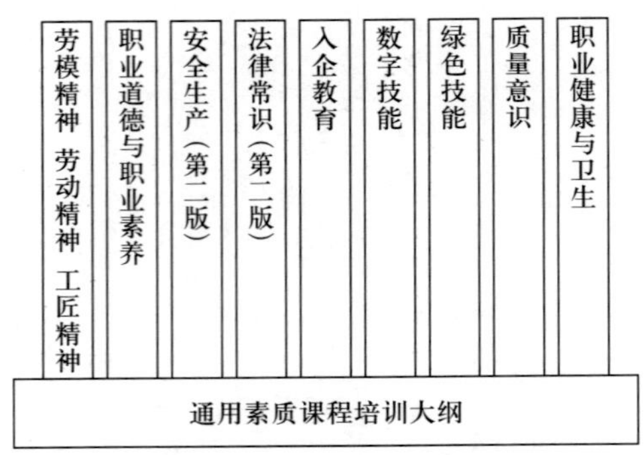

通用素质课程教材体系

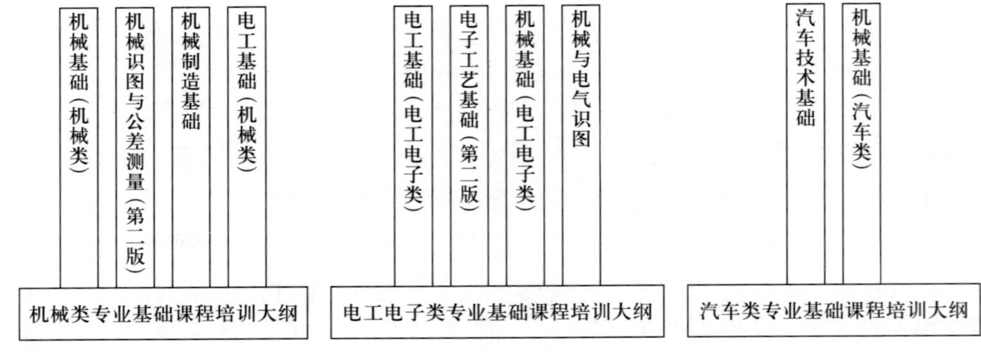

专业基础课程教材体系

本教材是开展中国特色企业新型学徒制培训的重要教学资源。主体读者对象为参加企业新型学徒制培训人员，也适用于企业岗位技能培训和就业技能培训人员。

本教材由郭煜和张廷彩担任主编、谢冠怀担任副主编并负责统稿。本教材第 1 章由郭煜编写，第 2 章由罗茂元编写，第 3 章由陶丽编写，第 4 章由林琳编写，第 5 章由陈俊锦、王举俊编写。本教材在开发过程中得到了北京、内蒙古、辽宁、浙江、山东、河南、广东、重庆、陕西等地人力资源社会保障厅（局）及相关企业、院校、培训机构的大力支持与协助，在此一并表示衷心的感谢。欢迎读者对完善本教材提出宝贵意见。

人力资源社会保障部教材办公室

目录

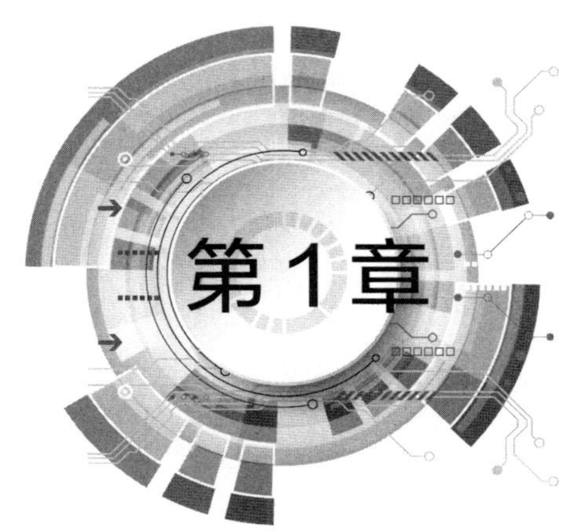

认识数字技能

学习目标

1. 能叙述数字技能的概念与分类。
2. 能说明数字技能的基本内容。
3. 能描述信息加工的基本过程。
4. 能列举数字技能的主要应用领域。

学习导读

旅游达人小涵每次去旅行前都会在手机 App① 上查询和预订行程，学生小云经常需要使用计算机或手机搜索和整理各种类型的学习资料，职场新人小伟每天都需要在工作群里收集公司各部门的统计资料并使用软件汇总形成报表……类似的场景也经常发生在我们的日常工作、学习和生活中。可以看出，在信息技术飞速发展的数字时代，大部分人具备运用信息技术获取、甄别、处理及运用信息的能力，而这种能力就是数字技能。

人工智能、大数据、物联网等技术的迅速发展创造了一个全新的数字化生存时空，它在改变人们的工作、学习和生活方式的同时，也改变着人们的思维方式。

① App 即应用程序，是英文单词 Application 的缩写，一般指手机软件。

在信息技术迅速发展的数字时代，数字技能已经成为我们参与经济和社会生活的必备“生存技能”。它不仅关乎个人幸福与工作生活，其教育培训质量也与国家高质量发展的竞争力紧密相关。

数字技能是通过云计算、人工智能、物联网等信息通信技术，生产、获取、分析、传输信息，以解决复杂问题、确保数据安全等的能力、素养。

信息加工是指将获取的原始信息按照应用需求对其进行判别、筛选、分类、排序、分析、研究、整理、编制和存储等处理的一系列过程。数字技能以信息加工为方法手段，在确保数据安全的基础上用以解决复杂问题。

本章我们通过学习数字技能的基本概念和发展趋势，引入信息加工的过程和方法，确定数字技能的问题解决流程。

第1节　数字技能概述

1. 能叙述什么是数字素养。
2. 能说明数字技能的概念与分类。
3. 能列举数字技能给社会、生活带来的影响与挑战。

学习导读

项目场景中小涵、小云和小伟都在使用数字设备解决各自的问题，这些看似很平常的场景，实际上都是我们运用数字技能解决问题的体现。那什么是数字技能呢？与数字技能相关的知识又有哪些呢？

进入数字化时代，数字经济蓬勃发展，数字技术快速迭代，其在工作、生活中扮演着越来越重要的角色，从而对劳动者所需掌握的数字技能也提出了新要求、新标准。

一、从数字素养到数字能力

微故事导入

数字素养与能力听起来很抽象，实则与我们的生活息息相关。在日常生活中，我们在微信朋友圈里分享自己的感受、利用智能手机上的电子地图进行定位、利用订票 App 查询航班车次并在线预订机票和车票及付款，这些都代表我们已经具备了一定的数字素养与能力。

1. 数字素养

（1）数字素养概念的发展

“数字素养”这个术语出现于 20 世纪 90 年代后期，由美国学者理查德·兰纳姆（Richard Lanham）于 1995 年提出。他认为，数字资源有可能变成不同形式的信息，如文本、图片、声音等。

1997 年，美国学者保罗·吉尔斯特（Paul Gilster）在其著作《数字素养》（*Digital Literacy*）一书中将数字素养定义为“理解及使用呈现在计算机上的各种各样的信息资源的能力”，并认为数字素养不仅仅是能力，更是人们生活必备的技能，他强调需要培养的是对所获信息的批判性思考，而不是个人的检索技能。

严格来讲，在 2004 年以色列学者约拉姆·埃谢特·阿尔卡莱（Yoram Eshet-Alkalai）提出数字素养的五大要素后，这一概念才真正受到学界的关注。这五大要素包括图片 – 图像素养、再创造素养、分支素养、信息素养、社会 – 情感素养。图片 – 图像素养指识别理解视觉图形信息的能力。再创造素养指重新整合各种信息的能力。分支素养指驾驭超媒体[①]信息和非线性思考的能力。信息素养指检索、筛选、辨别、使用信息的能力。社会 – 情感素养指共享知识，及进行数字化情感交流的能力。

随着数字技术的飞速发展，数字素养已成为社会各界广泛关注的热点，世界各国许多相关组织和机构纷纷对数字素养的概念及内容进行了界定和分析，其中比较有代表性的有以下几种：

2011 年，欧盟启动“数字素养项目”的研究工作，把“数字素养”列为八大

① 超媒体是一种采用非线性网状结构对块状多媒体信息（包括文本、图像、视频等）进行组织和管理的技术。

核心素养之一，并将其定义为“在工作、就业、学习、休闲以及社会参与中，自信、批判和创新性地使用信息技术的能力”。

2011 年，英国联合信息系统委员会（Joint Information Systems Committee，JISC）认为，数字素养是由多种素养和能力组成的，是个人在数字社会中生活、学习和工作所必备的能力，这些能力包含信息通信技术和计算机素养、信息素养、媒体素养、交流与合作能力，利用数字工具开展学术研究、学习及规划生活的能力等。

2012 年，美国图书馆协会将数字素养定义为利用信息和通信技术检索、理解、评价、创造并交流数字信息的能力，并强调这个过程需具备认知技能和技术技能。

2017 年，国际图书馆协会联合会（International Federation of Library Associations and Institutions，IFLA）提出了一个以结果为导向的数字素养定义，即拥有数字素养意味着可以在高效、有效、合理的情况下利用数字技术，以满足个人、社会和专业领域的信息需求。

（2）数字素养的概念

在我国，数字素养与技能是指数字社会公民学习、工作、生活应具备的数字获取、制作、使用、评价、交互、分享、创新、安全保障、伦理道德等一系列素质与能力的集合。具体来看，数字素养包括数字意识、计算思维、数字化学习与创新、数字社会责任。

1）数字意识。数字意识包括内化的数字敏感性、数字的真伪和价值判断力，主动发现和利用真实的、准确的数字的动机，在学习和工作中分享真实、科学、有效的数据，主动维护数据的安全。

2）计算思维。在分析问题和解决问题时，主动抽象问题、分解问题、构造解决问题的模型和算法，善用迭代和优化，并形成高效解决同类问题的范式。

3）数字化学习与创新。在学习和生活中，积极利用丰富的数字化资源、广泛的数字化工具和泛在的数字化平台，开展探索和创新。它要求不仅将数字化资源、工具和平台用来提升学习的效率和生活的幸福感，还要将它们作为探索和创新的基础，不断养成探索和创新的思维习惯与工作习惯，确立探索和创新的目标、设计探索和创新的路线、完成实践探索和创新的过程、交流探索和创新的成果，从而逐步形成探索和创新的意识，积累探索和创新的动力，储备探索和创新的能力，同时也形成团队精神。

4）数字社会责任。数字社会责任包括形成正确的价值观、道德观、法治观，遵循数字伦理规范。在数字环境中，保持对国家的热爱、对法律的敬畏、对民族文化的认同、对科学的追求和热爱，主动维护国家安全和民族尊严，在各种数字场景中不伤害他人和社会，积极维护数字经济的健康发展秩序和生态。

2. 数字能力

数字能力是一种为了工作、休闲和交流，自信和批判地运用信息通信技术的能力。数字能力的提出，正好应对创新型人才培养的诉求，在社会层面，拥有这些技能和能力的人，可以在当下数字化信息时代中成为更有效率的劳动者和公民。在技术层面，随着智能手机、社交网络的普及，数字化工具和媒体的角色越来越重要。人们在数字化社会中的工作、学习和生活往往需要具备更多新的能力，如多项任务处理、分布式认知能力、团体智力、信息识别、网络协商能力等。因此，从能力要素上来看，数字能力强调除了基础技能外，还应该强化技术素养、技术设计、技术思维等高级技能，这些新的能力通常被打上“21 世纪技能”的标签。目前，国际上比较认可的数字能力构成要素如图 1–1 所示。

批判性态度
创造性态度
灵活性和适应性
文化意识
主动性和自主性
生产力和责任感

P21[①]	ATC21S[①]
学习和创新技能 1. 批判性思维和问题解决 2. 创造和创新技能 3. 沟通和协作能力	思维方式 1. 创造和创新技能 2. 批判性思维、解决问题、做决定能力 3. 学习领导力、元认识能力 工作方式 1. 交流 2. 合作(团队)
信息、媒体和技术技能 1. 信息素养 2. 媒体素养 3. 技术素养	工作工具 1. 信息素养 2. 信息通信技术素养
生活和职业技能 1. 灵活性和适应性 2. 主动性和自我指导 3. 社会技能和多元文化技能 4. 生产力和社会义务 5. 领导力和责任感	生活 1. 本地的和全球的公民权 2. 生活和职业技能 3. 个人和社会的责任 (包括文化意识和能力)

学习与解决问题能力
交流和合作能力
公民共享
从生活中各方面的数字媒体中得益

图 1–1　数字能力构成要素示例图

① P21：Partnership for 21st Century Skills，即 21 世纪技能合作组织；ATC21S：Assessment and Teaching of 21st Century Skills，即 21 世纪技能评估与教学。

在我国，数字能力指以分析的、合作的和创造性的方法使用数字技术的能力，包括软硬件的基本知识、信息和数据素养、交流与合作能力、数字内容创建能力、安全性保障能力、解决问题能力、职业相关胜任力。

二、数字技能的概念

微故事导入

小云会运用计算机或手机搜索和整理各种不同类型的学习资料，说明她具备了运用数字技术解决问题的能力，但如果小云能在指定的时间内运用计算机或手机按要求整理不同类型的学习资料，则可以说她把能力提升成为技能。

1. 数字技能的含义

联合国教科文组织在2018年出版的《培养面向未来的数字技能——我们能从国际比较指标中得出什么结论？》报告中提出：广义而言，数字技能不仅指知道如何应用信息通信技术（Information and Communication Technology，ICT）来获取、分享、生产信息，而且指能够应用信息通信技术来批判性地评估和处理信息，运用精确的技术获取和生产信息，以解决复杂问题。

《学习时报》2021年1月刊发文章《数字化生存应提升全民数字技能》中指出：随着数字技术的进步和数字化社会的发展，数字技能的内涵和外延在不断丰富和完善。想要有效参与数字化社会的发展，必须具备数字资源的使用和研发能力，包括数字获取技能、数字交流技能、数字消费技能、数字安全技能、数字健康技能。

综合各方面情况和应用实际，数字技能是通过云计算、人工智能、物联网等信息通信技术生产、获取、分析、传输信息，以解决复杂问题并确保数据安全等的能力、素养。

2. 数字技能的分类

根据数字技能使用和培养需求不同，可以将数字技能分为数字应用技能和数字专业技能两类。

数字应用技能主要是针对非专业人员而言的能力，指社会大众在工作、生活中，使用各种电子设备获取、传输数字信息等的能力，具有基础性和普适性。

数字专业技能主要是针对专业人员而言，指云计算、大数据、物联网、区块链、人工智能、5G通信等数字技术领域的从业者需掌握的开发、分析、整合数字信息等的能力，具有复杂性和创新性。

三、数字技能发展趋势

微故事导入

早晨，当小云还在熟睡时，卧室的窗帘准时自动拉开，墙上的音箱发出美妙的铃声，并开始播放今天的天气预报，新的一天开始了。到了办公室，小云用自己的5G手机下载资料，一个100 M的文件在几秒钟的时间内就下载完成了。下午，小云要赶着去见一个重要的客户，为了确保不会迟到，她采用导航软件推荐的最佳行车路线，避开拥堵路段。这些都是数字技术给我们的工作和生活带来的新变化。

数字技术的发展和应用，使得各类社会生产活动能以数字化方式生成为可记录、可存储、可交互的数据、信息和知识。互联网、物联网等网络技术的发展和应用，使抽象出来的数据、信息、知识在不同主体间流动、对接、融合，深刻改变着传统生产方式和生产关系。人工智能技术的发展，信息系统、大数据、云计算、量子通信等数据信息处理技术、先进信息通信技术的应用，使得数据处理效率更高、能力更强，大大提高了数据处理的时效化、自动化和智能化水平，推动社会经济活动效率迅速提升、社会生产力快速发展。八大关键新兴数字技术发展的主要趋势如下。

1. 互联网和物联网

（1）传统互联网从2C消费型转型到2B的产业型。

（2）工业互联网兴起，消费互联网进一步连接工业物联网。

（3）车联网将加速发展。

2. 云计算与云服务

（1）云网融合是未来发展的趋势，基于运营商云网融合的政企业务未来将有更大的市场空间。

（2）云平台服务会进一步为企业实现降本增效。

（3）整合云服务，基于移动网络的整体解决服务或将爆发。

3. 大数据技术

（1）数据立法

数据是数字经济时代的产物，但数据需要有法律的支撑，随着《数据安全法》《个人信息保护法》的出台，未来将围绕数据立法形成新的法律体系。

（2）从数据侵权到数据觉醒

人们对个人数据越来越重视，数据侵权已引起消费者的强烈关注。

4. 区块链技术

（1）区块链思维将成为数字世界的契约机制。

（2）数字货币将进入商业化阶段。

5. 通信技术

5G 建设进入商业发展期，6G 标准将探索数字融合新时代。

6. 数字孪生技术

城市数字孪生将从萌芽到加速发展，制造数字孪生将从高端装备制造扩展到整个行业。

7. 量子技术

（1）量子信息科学将成为一个新的发展领域，量子技术将成为智能经济时代的新基础设施的支撑技术。

（2）随着移动通信网络速度的提高、手机端等终端存储和计算的瓶颈被突破，量子计算机将主要为数据中心的各种智能应用提供计算服务。

8. 人工智能

（1）元宇宙将加速通用人工智能的发展。

（2）人工智能深度算法的研究仍有待加强。

总结

通过以上学习，我们了解数字素养和数字能力的概念；认识并理解数字技能的概念与分类；同时也了解数字技能给社会、生活带来的影响与挑战，这些都为我们全面认识数字技能打下良好的基础。

第2节　数字技能与信息加工

学习目标

1. 能叙述信息加工及其重要性。
2. 能说明信息加工的一般过程。
3. 能列举数字技能给学习、生活带来的变革。

学习导读

小云使用计算机或手机搜索和整理各种类型的学习资料，小伟在工作群里收集公司各部门的统计资料并使用软件汇总形成报表。在这些场景中，他们都是利用数字技能在对信息进行加工，可见，数字技能与信息加工是密不可分的。拥有数字技能，可以使人们对信息的加工变得更加简单和高效。

信息加工与数字技能密切相关，一个人只有了解信息加工的过程和方式，才能在数字社会中有效地运用数字技能识别、获取、处理信息，从而提高学习和工作效率，提升生活质量。

一、信息加工的过程和方式

微故事导入

在学校的运动会上，因为小云擅长收集、整理各类资料信息，所以被分在比赛成绩发布组，主要工作是负责收集、汇总并发布各比赛项目的成绩，并将最终成绩进行归档存储。

1. 信息加工及其重要性

信息加工是指将获取的原始信息按照应用需求对其进行判别、筛选、分类、排序、分析、研究、整理、编制和存储等处理的一系列过程。信息加工使收集到的信息成为我们需要的有用信息。信息加工是信息得以利用的关键，其重要性主要体现为以下几个方面。

（1）信息加工是对原始信息的判别和筛选

在大量的原始信息中，不可避免地存在一些虚假信息，只有通过认真地判别和筛选，才能防止鱼目混珠。

（2）信息加工是对信息的分类和排序

判别、筛选后的信息是初始的、零乱的信息，只有把这些信息进行分类和排序，才能进行存储、检索、传递和使用。

（3）信息加工是对信息的分析和研究

对分类、排序后的信息进行分析比较、研究计算，可以使信息更具有使用价值，甚至形成新信息。

2. 信息加工的一般过程

信息加工的一般过程包括记录信息、加工信息、发布信息、存储信息。以比赛成绩发布为例，其对应的信息加工过程如图 1–2 所示。

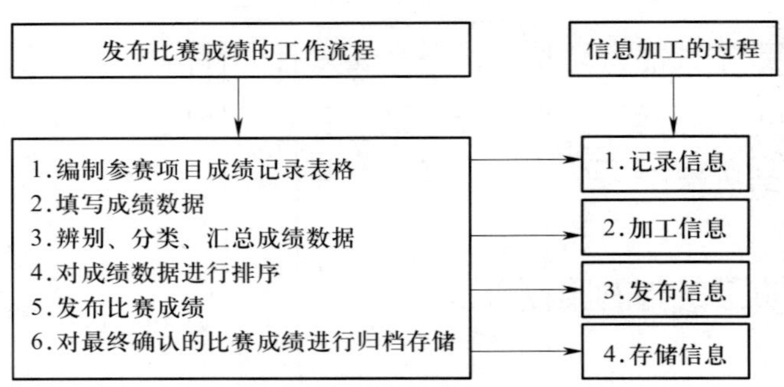

图 1–2　信息加工的一般过程（以比赛成绩发布为例）

3. 信息加工的方式

传统的信息加工主要是通过人脑进行的，随后相继出现了手工设备和计算机（智能设备），因此，信息加工一般有手工加工和智能加工两种方式。手工加工不仅烦琐、容易出错，而且其加工过程耗时较长，已经不能满足现代生活的需要。智能加工，特别是大数据、人工智能等数字技术的不断发展和应用，既缩短了信息加工时间，同时也满足了人们个性化信息加工的需求。

目前，利用数字技术进行信息加工的常见形态有以下三种。

（1）基于程序设计的自动化信息加工

即针对具体的问题编制专门的程序以实现信息加工的自动化。

（2）基于大众信息技术工具的人性化信息加工

利用大众信息技术工具，如文字处理软件、动画制作软件、视频处理软件等实现信息加工。

（3）基于人工智能化信息加工

指利用人工智能技术加工信息，其主要特点是在减少人为参与的前提下，让智能设备自主地加工信息，进一步提高信息加工的效率和智能化程度。

二、数字技术赋予信息加工新内涵

微故事导入

作为一个职场新人，小伟的主要工作是在工作群里收集公司各部门的数据资料并整理形成报表，包括利用各种软件（App）对信息进行收集、记录、加工、整理和发布及存储。在这个过程中，使用的信息加工方式是数字化的，使用的工作设备也是数字化的。

1. 数字技术丰富了信息加工手段

随着大数据、人工智能等数字技术的飞速发展，信息加工手段不断丰富。大数据技术可以将来自不同渠道的数据信息进行组合而形成新的有用的信息。人工智能技术可以通过模拟人与自然界其他生物处理信息的行为实现信息加工的智能化。

日常生活中，我们可以接触到的利用大数据技术对信息进行加工的形式主要有两种：一是相似关联，就是在大量手机用户数据的基础上，通过分析相似的行为习惯进行关联推荐。例如，我们通过大数据分析两个互不相识的人在网络上的浏览记录，包括性别、年龄、喜欢的颜色、喜欢的明星、爱买的东西、爱去的地方等相关信息，若共同喜好较多，就可以将其中一人喜欢购买的东西推荐给另一人。二是隐式搜索，就是根据关键词主动推送。例如，你在某个软件上搜索了关键词“科学”，那么软件就会在大数据中挑选关于“科学”的相关信息并主动推送给你，同时获取你的兴趣数据。

利用人工智能技术对信息进行加工的范围更广泛，主要有图像识别、指纹识别、语音识别、手写识别、文字识别、机器翻译和智能代理等。

2. 数字技术推动了学习变革

数字技术拓展了学习者的学习空间，丰富了学习资源，加强了线上与线下学习的融合，重新塑造了教与学的互动，改变了学习者的学习过程即信息加工过程。数字化学习具有个性化、敏捷化、沉浸化和共享化的特点。个性化使得学习者可以根据个人的职业发展方向、兴趣爱好来选择学习内容和学习方式。敏捷化使得学习者可以在任何时间、任何地点学习需要的内容。沉浸化是指通过沉浸式的学习环境，使学习者更好地投入到学习过程中，以提升学习的主动性。共享化打破了组织内部横向与纵向的壁垒，使学习者通过知识共享，获取第一手的学习资料，体验“协作共享、共同成长”的学习文化。

数字技术在教育中的应用推动了体验式学习、智能化学习和混合式学习的开展。

（1）体验式学习

虚拟现实技术、可穿戴技术与网络技术结合在一起，可以让学习者通过穿戴设备直接感受到学习内容的存在空间，体验新的学习空间，把整个学习资源变得更立体。

（2）智能化学习

大数据的发展，使得学习者只要登录在线学习空间，在线学习空间就可以刻画出学习者的学习过程和学习行为，发现学习者的学习结果与教学目标的差异，分析哪些知识需要重点学习、哪些资源适合学习者学习，在基于大数据分析的基础上，让精准式、智能化学习成为可能。

（3）混合式学习

现实和虚拟学习环境互相交织，网络技术、智能技术日趋成熟，为线上线下混合学习创设了条件。在全新的数字化学习环境中，学习者不仅可以在课堂上进行学习、交流和评价，还可以在网络环境中进行在线学习、交流和评价。

3. 数字技术改变生活

数字技术已经渗透进我们生活的方方面面。其在生活中的应用改变着人们的生活方式，例如，需要采购时，点开手机里的购物软件就可以自行选购心仪的物品，也可以观看线上直播进行购物；需要用餐时，点开手机里的外卖软件就可以选购喜欢的餐食，还能享受短时间内配送到家的服务。出行时，点开手机里的智能导航软件，就能获取最快速的出行方案。以前，生病去医院需要现场挂号，而且排队时间长，有时医院的检查报告需要隔天才能拿到，还需再跑一趟医院。数字技术普及之后，我们通过小程序就能快速挂号，就诊完后，通过小程序就可以付费，在线就能查看报告，不仅规范了医院的管理，还节省了患者的时间，一举两得。

数字技术不仅改变着我们的生活方式，同时也在改变着我们的工作方式。例如，以前求职，需要跑招聘会，看报纸、杂志，以筛选自己心仪的工作，还要打印纸质版简历，亲自去现场投递，进行现场面试，效率低下。日常工作中，不同地区的人员需要开会，只能从各地去往会议现场，时间、交通成本都不低。数据技术普及之后，出现了许多基于云计算的招聘软件，可以随时随地线上筛选心仪的岗位，线上投递简历，线上沟通，线上面试，整个流程便捷又快速。各类云上办公软件得到广泛应用，我们可以随时随地发起和参与会议，方便快捷的线上会议逐渐成为一种日常办公形式。

总结与情景拓展

总结

通过以上学习，我们了解了信息加工的重要性和一般流程，以及数字技术给学习、工作和生活带来的变革。

应用场景拓展

在不知不觉之中，数字技能已经给我们的学习、工作和生活带来了巨大的变化，它可以让生活更加便利、智能，让信息实现互通、共享，让工作效率大大提升。大家可以想想未来有哪些数字技能的应用场景和想象空间会出现或被开发，让更多人能够享受数字技能、数字经济带来的发展红利。

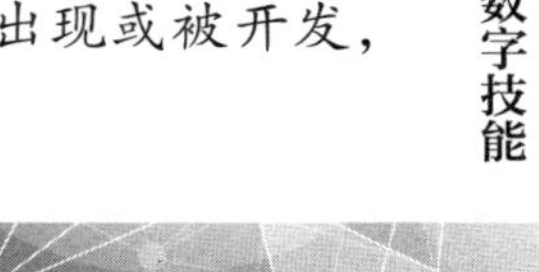

即学即用

1. 什么是数字素养?

2. 什么是数字技能? 数字技能有哪些类别?

3. 请举例说明数字技能有哪些发展趋势。

4. 信息加工的一般过程是什么?

5. 请你结合身边的案例，说一说数字技能对我们的影响。

数字信息获取能力

学习目标

1. 能够使用不同的搜索渠道获取所需的常规信息。

2. 能够通过专业的数据搜索引擎查找官方准确的统计数据。

3. 能够通过专业的图片搜索引擎搜索无版权争议的图片。

4. 能够通过专业的影音搜索引擎搜索需要的音视频素材。

5. 能够对收集到的信息进行正确性甄别，识别广告、谣言或诈骗信息。

学习导读

某公司计划在近期策划一期户外徒步活动，该任务由人力资源部负责。人力资源部王部长对该工作进行了部署，由职员小吴负责关于户外徒步活动的策划工作。小吴是个刚毕业的新员工，她需要提前完成徒步活动的信息收集、查找相关资料和素材并且辨别素材的真伪，为后续的活动策划做好准备工作。如果你是小吴，你将如何有效获取前期资料呢？

在现代社会中，数字信息的有效获取能力已成为工作学习中最基本的能力。数字信息获取能力是通过信息检索技术检索通用信息和专业信息，并将其甄别后用以解决实际问题的能力。

资源搜索、专业数据搜索、图片搜索、影音搜索等专业实用的搜索技术有利于我们更方便、快捷、准确地得到自己所需查找的信息，这些搜索到的信息常被用于制作方案、撰写文件、文稿、材料及汇报等的前期准备工作。根据工作场景，为了更好查找资料、搜索信息，我们在采用常用的中文搜索引擎基础上，通过使用全面的、专业的搜索引擎方式，使得资料的查找更准确、更快捷。

本章以中文搜索引擎、网盘、特殊字体、专业信息、图片和影音素材等常见信息检索、甄别为例，学习数字信息获取方法，提高数字获取能力。

第1节　通用信息检索技能

1. 能够通过百度搜索所需的方案模板或范文。
2. 能够通过特殊字体搜索获取个性化字体。
3. 能够对所搜索的数据进行甄别。

学习导读

为了更好地完成公司户外徒步活动策划，人力资源部召开了前期的准备会议，人力资源部职员小吴为了提高工作效率，打算针对不同的资料和信息的收集，采用不同搜索渠道，以获取户外徒步活动策划的撰写模板、徒步活动的相关电子书资料等数字信息。如果你是小吴，你将如何开展这项工作呢？

网络数字信息浩瀚如海，一般通过综合类搜索和垂直搜索来获取。综合类搜索是指用于综合性的各类数字信息查找的搜索引擎，如百度、搜狐、新浪、网易、中搜等搜索引擎。与此相对应的是只针对某一特定类型、特定领域以及特征的信息进行查找的搜索引擎，称之为垂直搜索。根据工作情景，为了更好获取需要的信息，可使用综合搜索引擎查找方案模板，可使用垂直搜索引擎查找个性化字体、影音素材等，以达到信息收集的目的。

一、资源搜索实用技能

微故事导入

小吴计划制作一份徒步活动策划书，由于是个新手，她决定用搜索引擎来处理这个问题，围绕“徒步活动策划”这一中心词进行搜索，寻找“徒步活动策划文稿”相关的范文，了解同类型公司徒步活动的呈现效果，以及针对本次徒步活动为制作文案搜寻个性化的字体。

1. 中文搜索引擎

中文搜索引擎指的是中文类的搜索引擎，其中，百度、搜狐、新浪、网易、中搜等搜索引擎，属于综合类中文搜索引擎，可用于综合性的各类数字信息的查找。下面以“百度”搜索引擎为例进行讲解。

（1）在浏览器地址栏输入百度网址：www.baidu.com，进入百度搜索引擎界面，如图 2–1 所示。

图 2–1　百度搜索引擎界面

（2）在百度搜索框中输入关键字“徒步活动策划文稿”，单击搜索框右边的“百度一下”按键或按键盘上 Enter 键，就可找到一系列跟“徒步活动策划文稿”相关的范文，如图 2–2 所示。

图 2–2　通过关键字进行综合性搜索

第 2 章　数字信息获取能力

（3）获取 PPT 文件类型的搜索信息。在搜索框关键字“徒步活动策划文稿”后添加 filetype：ppt，单击按键“百度一下”，可搜寻到与“徒步活动策划文稿”相关的 PPT 格式文件，如图 2–3 所示。选择“徒步活动策划方案 ppt_ 图文 – 百度文库”，点击进入，即可快速搜索到与徒步活动策划相关的 PPT 文稿，点击该页面右下方的“单篇下载”，即可获取该策划方案的 PPT 文稿信息，如图 2–4 所示。

图 2–3　PPT 格式文件的搜索信息

（4）获取 Word 文件类型的搜索信息。在搜索框关键字“徒步活动策划文稿”后添加 filetype：doc，可搜寻到与“徒步活动策划文稿”相关的 Word 格式文件，如图 2–5 所示；选择“徒步活动策划方案（精选 4 篇）– 百度文库”，点击进入，即可快速搜索到与徒步活动策划相关的 Word 文稿，还可以发现搜索引擎推荐的其他与徒步活动策划相关的 Word 文稿，选择需要的方案进行下载即可，如图 2–6 所示。

图 2-4　PPT 文稿信息下载

图 2-5　文件类型为 Word 的搜索信息

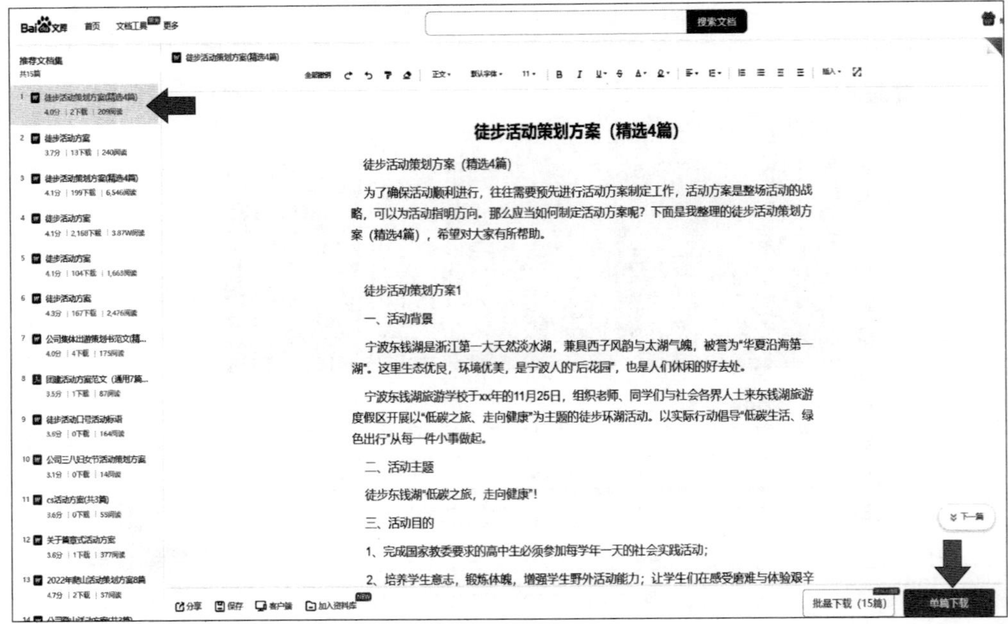

图 2–6 Word 文稿信息下载

2. 网盘搜索

网盘搜索，就是搜索其他用户存在云盘并公开分享的信息。该资源一般是经过网友人工筛选并整理的，资源质量较高，并且资源比较稳定。因此，云盘中的资源更加值得关注。网盘搜索有很多种，如百度网盘、小白盘、盘搜、网盘搜和盘多多等。

以百度网盘为例，通过网盘搜索，收集并获取与“徒步活动”相关的信息，用作策划该活动的参考信息。

（1）在手机中下载并安装“百度网盘”App。打开“百度网盘”App，在搜索框中输入关键字“徒步”，单击搜索框右边的“搜索”按键，再点击“查看全部”，就可找到跟徒步相关的音乐、文档、软件、图片、视频等类型信息，如图 2–7 所示。

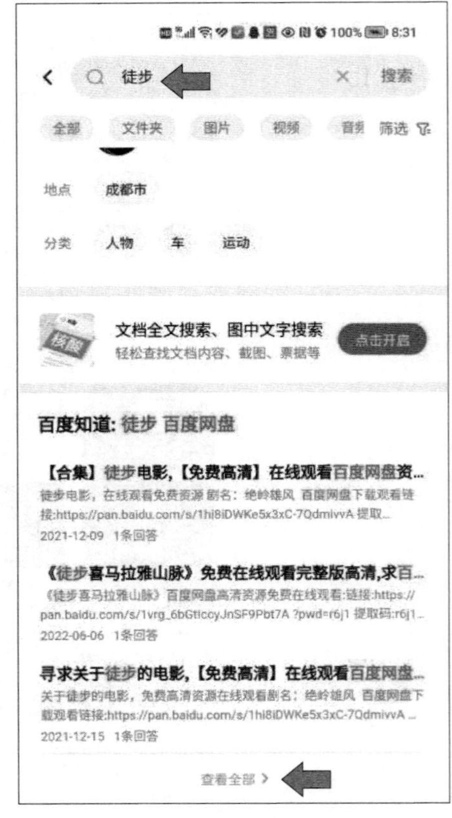

图 2–7 百度网盘 App 搜索

（2）在搜索到的文件中，选择第二项《徒步喜马拉雅山脉》视频，即可搜寻到徒步活动相关视频，如图 2–8 所示。

（3）选择“《徒步喜马拉雅山脉》”，点击进入，可查询到该徒步活动视频所在的百度网盘及提取码，点击“复制提取码跳转”。进入百度网盘“保存”及“下载”界面，如图 2–9 所示。点击“保存”，将该视频保存到个人网盘中。

（4）在电脑端“百度网盘”中，即可查看到该视频内容，并进行下载，如图 2–10 所示。

需要注意的是，网盘资源多为个人分享资源，注意甄别和筛选，避免侵权。

图 2–8　徒步活动视频搜索

图 2–9　百度网盘“保存”及“下载”界面

图 2–10　徒步活动视频下载

3. 特殊字体搜索

特殊字体使用是制作个性化文案必备操作之一，使用特殊字体时应注意，所有的字体都具有版权和商业授权的说明，在使用的时候要注意其授权范围。

以“识字体网”为例，通过特殊字体搜索，并获取字体文件，将该字体文件安装于 WINDOWS 系统字体文件夹，用于策划文稿。

（1）选择合适字体的图片。在网页中或广告牌上任意寻找合适的特殊字体，截图或拍照，将该图片保存为 png 或 jpg 格式的图片文件，如图 2–11 所示。

图 2–11　特殊字体截图

（2）进入浏览器界面。在浏览器地址栏输入“识字体网”的网址：https：//www.likefont.com/，进入到“识字体网”。点击“本机图片”，再点击“上传图片”，如图 2–12 所示。

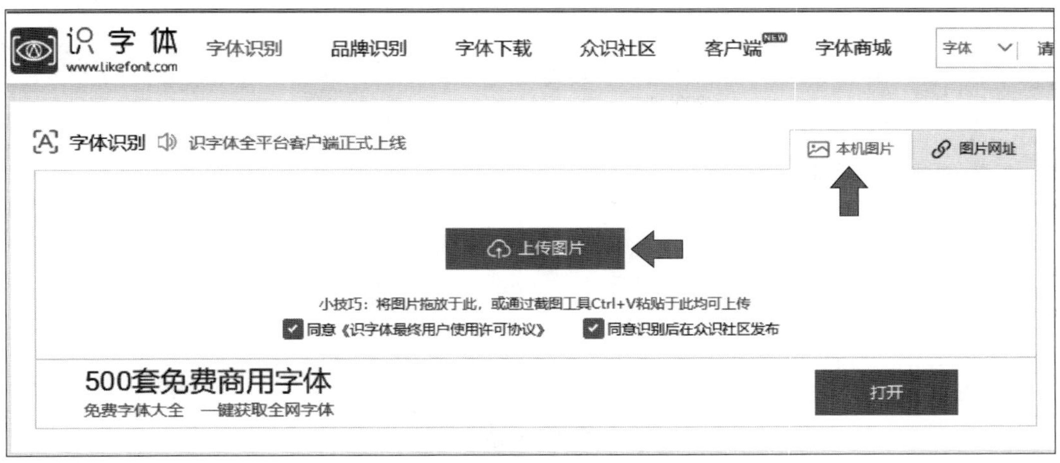

图 2–12 “识字体网”网站

（3）上传字体图片，找到第一步骤中存放“山呼海啸”特殊字体图片文件，点击“打开”上传字体图片，如图 2–13 所示。

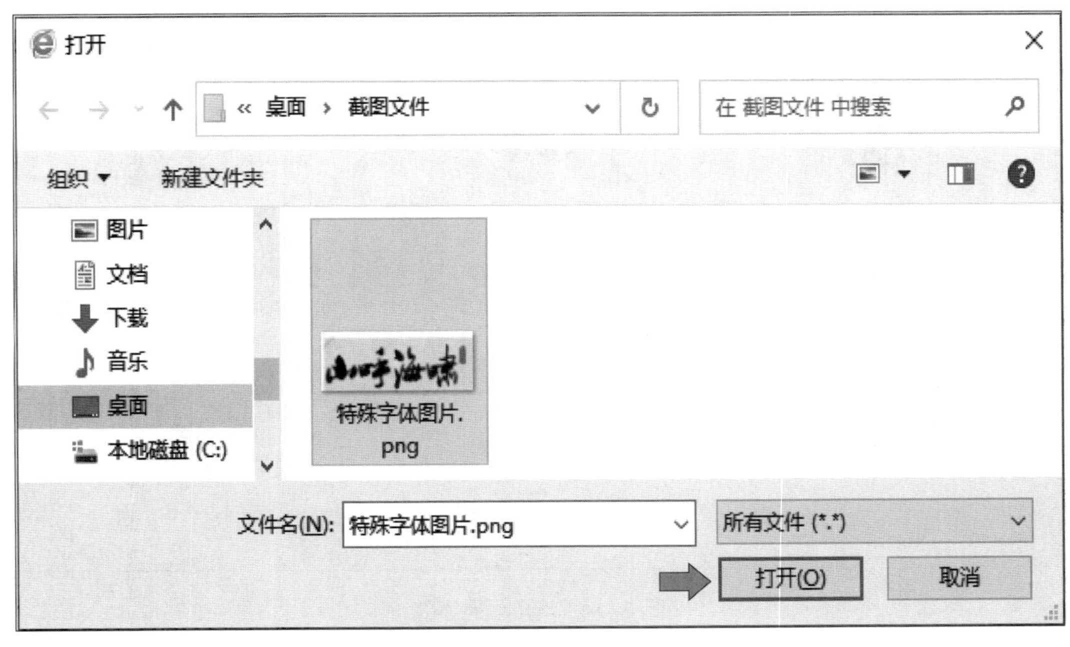

图 2–13 上传特殊字体图片

（4）识别图片文字。系统自动将“山、呼、海、啸”四个字分别进行识别，如图 2–14 所示，在“拼写并识别”栏中，可以看到“呼”字与“海”字识别有误，将方框 2 与方框 3 拖动，合并为“呼”字，用同样方法，将方框 4 与方框 5 拖动，合并为“海”字。

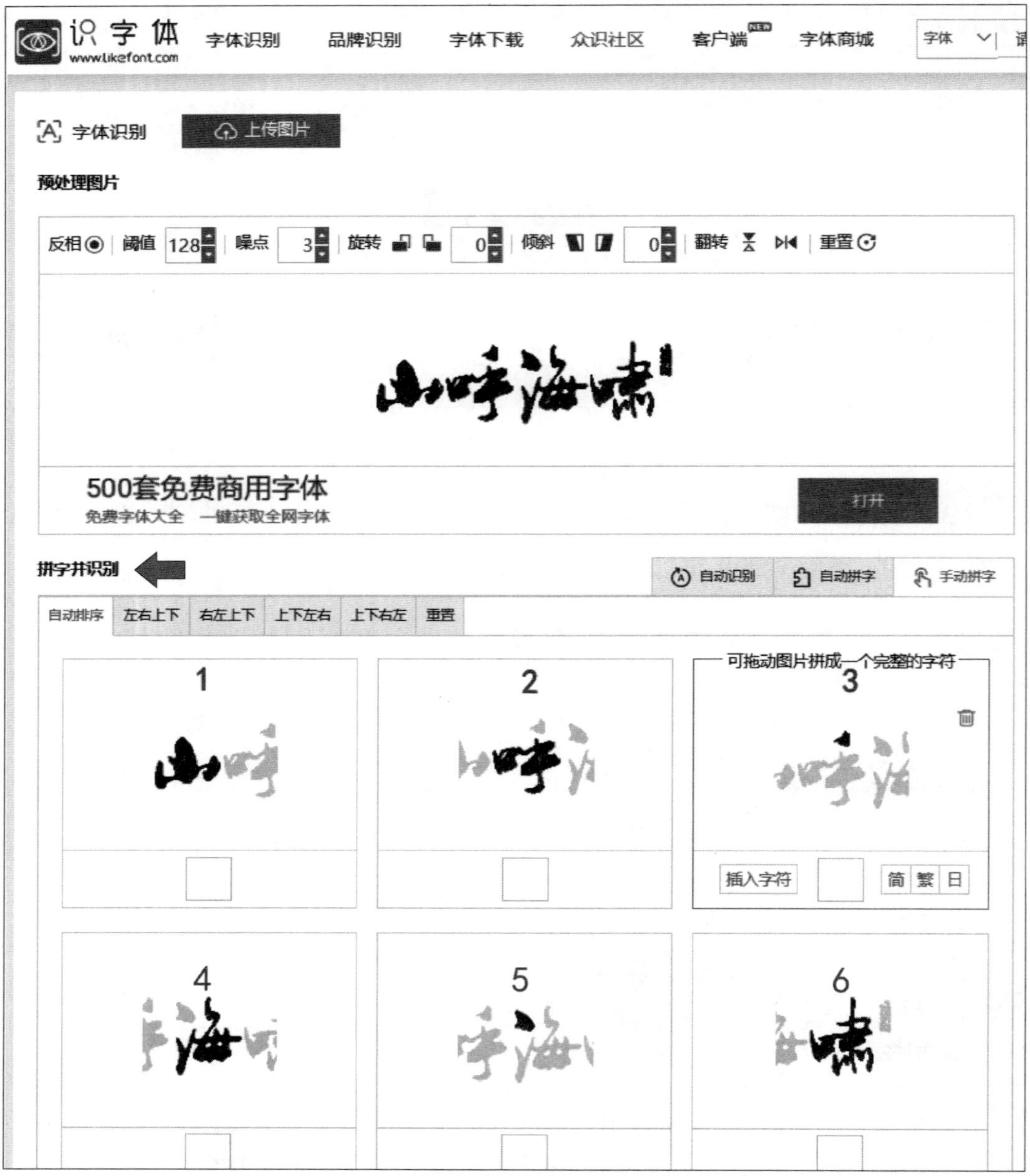

图 2-14　自动识别字体

（5）手动校验汉字。在每一个特殊字体下，输入对应的校验汉字，如图 2-15 所示，点击“立即识别”。

（6）显示识别结果。在“预览识别结果”中，共找到 3 种类似字体，其相似度最高可达到 88% 以上，如图 2-16 所示。

图 2–15 对自动识别汉字手动校验

（7）下载字体。3 种字体均可供下载，选择“胡敬礼毛笔行书简”字体并下载于电脑桌面上，下载的字体文件后缀名为 .ttf，如图 2–17 所示。

（8）完成字体导入。将该字体文件复制到 C：\Windows\Fonts 文件夹，如图 2–18 所示，即将该字体导入电脑系统，在使用 Microsoft Office、WPS Office 等各种办公软件时，均可应用该字体进行编辑。

（9）应用该字体。打开 WPS Office 软件，创建一个空白文档。在字体栏选择“胡敬礼毛笔行书简”字体，如图 2–19 所示，在文案撰写时，就能应用该特殊字体。

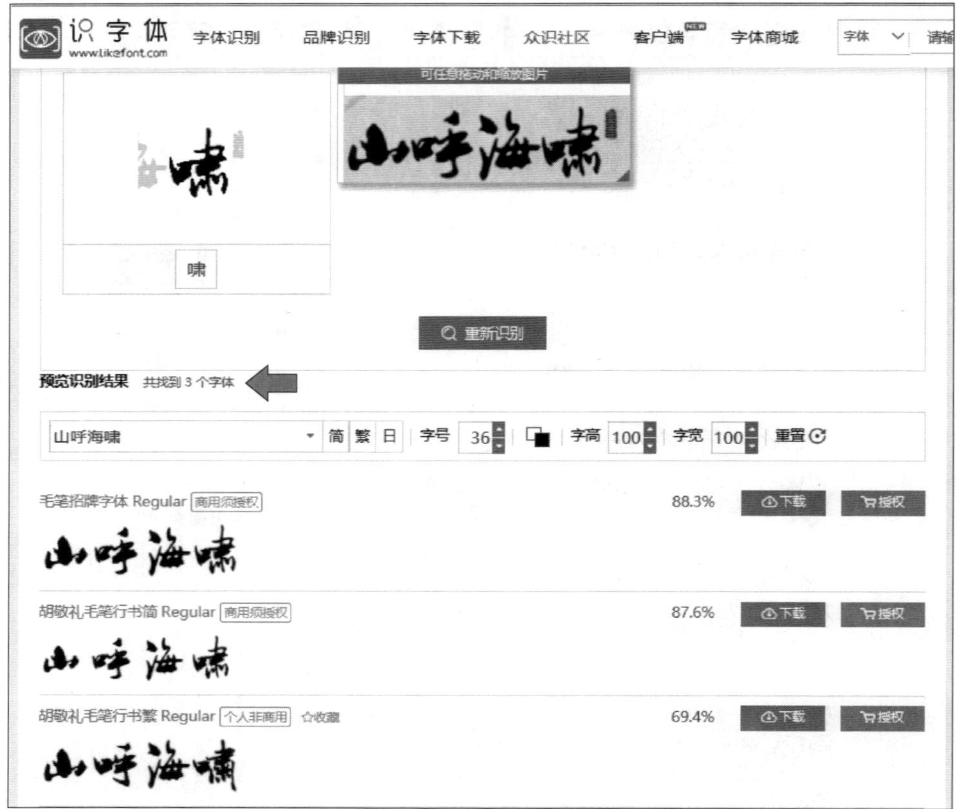

图 2–16　下载特殊字体

图 2–17　下载的特殊字体文件

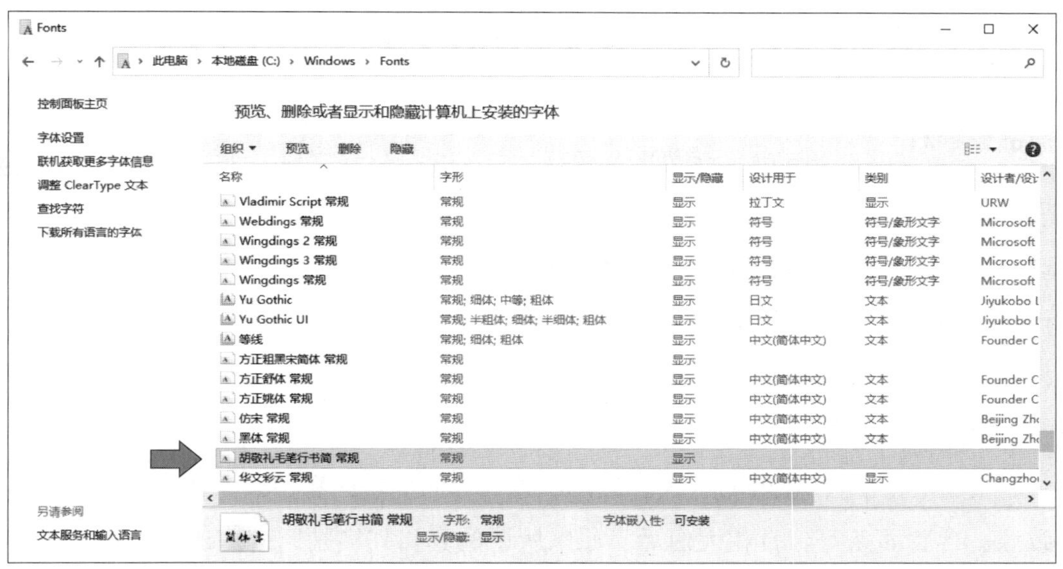

图 2-18　字体导入操作系统

图 2-19　应用特殊字体

拓展阅读

百度、搜狐、新浪、网易、中搜等搜索引擎都属于综合类搜索引擎，可用于对综合性的各类数字信息的查找。而网盘搜索、特殊字体搜索等，只搜某一特定类型、特定领域及特征的信息，相对于综合类搜索而言，它们统称为垂直搜索。垂直搜索可用于专门领域内的搜索，在整个搜索过程中，能实现较为精准的搜索。

二、从信息甄别到自我隐私保护实用技能

微故事导入

在完成了先前一系列资料搜集后，小吴搜索并获取了大量关于“徒步活动”的文本、图片、音视频信息，但对部分网络信息的真伪度不太确定，他应该怎么进行辨别呢？并且在搜索过程中，经常会登录网站并注册个人信息，他又该怎样进行个人密码管理、保护自己隐私呢？

1. 谣言识别技能

微信群、QQ 群中经常有人转发一些耸人听闻的所谓真相，如塑料紫菜、香蕉致癌、含胶面条等。真相大白后，原来所谓的真相其实是谣言。谣言会扰乱生产生活等社会秩序，甚至会造成相关产业极大的损失。

下面以腾讯的谣言过滤器为例来帮助我们识别谣言。

（1）在微信公众号搜索谣言过滤器，并对其进行关注，如图 2–20 所示。

（2）点击底部谣言查询，如图 2–21 所示。

（3）点击顶部放大镜图标进行搜索，如图 2–22 所示。在搜索框输入关键字查询。

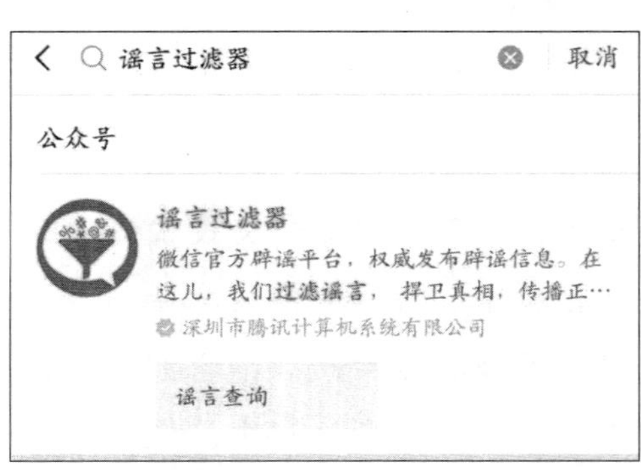

图 2–20　搜索并关注谣言过滤器

图 2–21　谣言查询

图 2-22　搜索框输入关键字查询

拓展阅读

谣言识别可以通过多看书、多看科学类电视节目提升科学素养，例如央视的《是真的吗？》、安徽卫视的《谣言终结者》、爱奇艺的《是谣言吗？》等。互联网上也有一些辟谣联盟，如新华社主办的中国食品辟谣联盟、上海市网信办和解放日报社及上海观察联合打造的上海辟谣平台。

2. 传销、诈骗信息识别技能

在搜索信息过程中，为避免上当受骗，需要做到以下两点。

一是关注诈骗套路，提高防骗免疫力。公安部门经常发布一些常见的诈骗招数，一些微信公众号上也有防范诈骗的常识。微信中有腾讯 110 服务，可以对诈骗行为进行举报，还可以通过里面的防骗课堂学习防骗知识。

二是提高警惕，通过官方平台确认相关信息。很多传销组织打着直销的旗号，而直销在我国目前是合法的。如何区分传销与直销呢？可通过商务部直销行业管理网站（https://zxgl.mofcom.gov.cn/front/index）进行辨别，如图 2-23 所示。该网站可以查询直销企业、直销产品和直销培训员。在企业名称一栏中输入待查公司名称，搜寻该公司是否在册，即可判断该公司是否为正规公司。

图 2–23　商务部直销行业管理网站

识别传销还可以登录微信小程序——守护者计划。该小程序是腾讯安全实验室提供的大数据反诈骗平台，可以在这个平台输入电话号码、银行卡、网站进行搜索，一键识别传销、诈骗，还可以通过这个平台对传销和诈骗进行举报。

（1）打开微信，点击页面右上角的“+”号，选择“添加朋友”，点击“公众号”，如图 2–24 所示。

（2）在“搜索公众号”中，输入“守护者计划”进行搜索，如图 2–25 所示。

（3）点击并关注“守护者计划”公众号，如图 2–26 所示。

（4）在“守护者计划”主界面中，点击“找点帮助”，选择“手机号码鉴定”，如图 2–27 所示。

（5）输入手机号，对陌生号码进行鉴别，以防被骗，如图 2–28 所示。

图 2–24　微信“添加朋友”界面

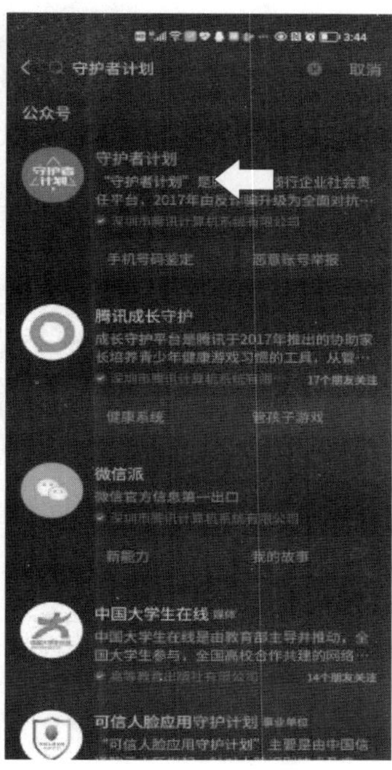

图 2–25　搜索“守护者计划”

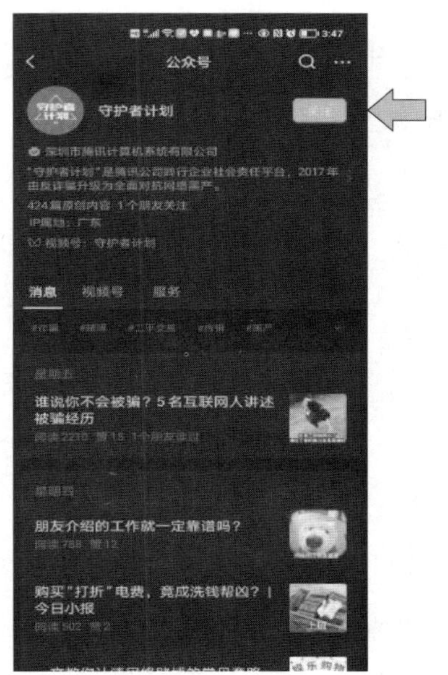

图 2–26　关注“守护者计划”公众号

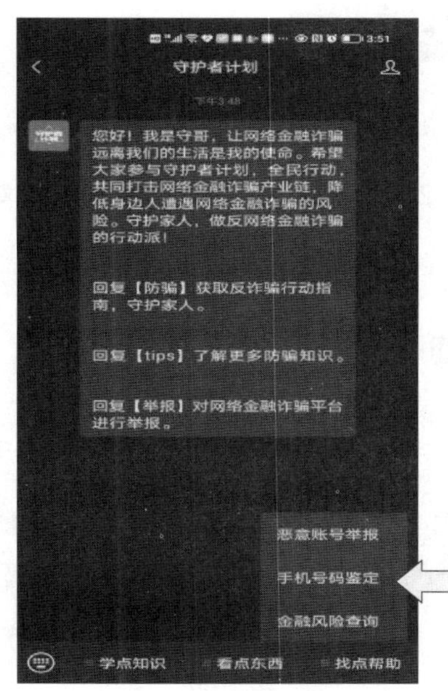

图 2–27　手机号码鉴定

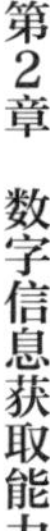

图 2–28　陌生手机号码鉴别

第 2 节　专业信息检索技能

学习目标

1. 能够通过数据搜索并获取专业数据信息。
2. 能够检索并获取无版权争议的图片信息。
3. 能够通过音视频网站搜索音视频信息。

学习导读

为了更好地完成公司户外徒步活动策划，人力资源部小吴打算针对不同的资料和信息的收集，采用专业信息搜索引擎搜索，以获取户外徒步活动策划的专业数据以及音视频等数字信息。如果你是小吴，你将如何开展这项工作呢？

除了获取文字信息外，我们还经常需要获取专业的信息，如专业数据、图片、音视频等，这就需要掌握专业信息检索技能。学会专业信息检索实用技能，有利于我们更方便、快捷、准确地得到自己所需的专业信息。这些专业信息常被用作撰写文件、文稿、材料及汇报等的前期准备工作的素材。

一、专业数据搜索实用技能

微故事导入

小吴想了解徒步鞋目前的社会关注度，以及筹划是否为某一款徒步鞋做代言，想搜索哪类人群对徒步鞋的关注度更高，为徒步活动策划收集更多的可靠数据信息。

专业数据是指在某个领域具有一定特殊信息的数据。专业人员可以通过专业数据做出专业的解读和决策。如国家发布的消费者物价指数 CPI 数据、全国制造业采购经理指数 PMI 数据等都属于经济领域的专业数据。

1. 网络指数数据搜索

网络指数是指每一次使用某一平台搜索信息后，该搜索平台都会自动对该行为进行记录，搜索次数多了，就形成了大数据，然后基于这些大数据和相关算法，就形成了我们看到的网络指数。网络指数有百度指数、微信指数、微指数、360 趋势、搜狗指数、爱奇艺指数等。

以百度指数为例，搜索方法如下。

（1）进入浏览器界面，在浏览器地址栏输入网址 https：//index.baidu.com/v2/index.html#/，如图 2–29 所示。

（2）在搜索栏中输入“徒步鞋”，点击“开始探索”，即可看到徒步鞋的数据指数，如图 2–30 所示。

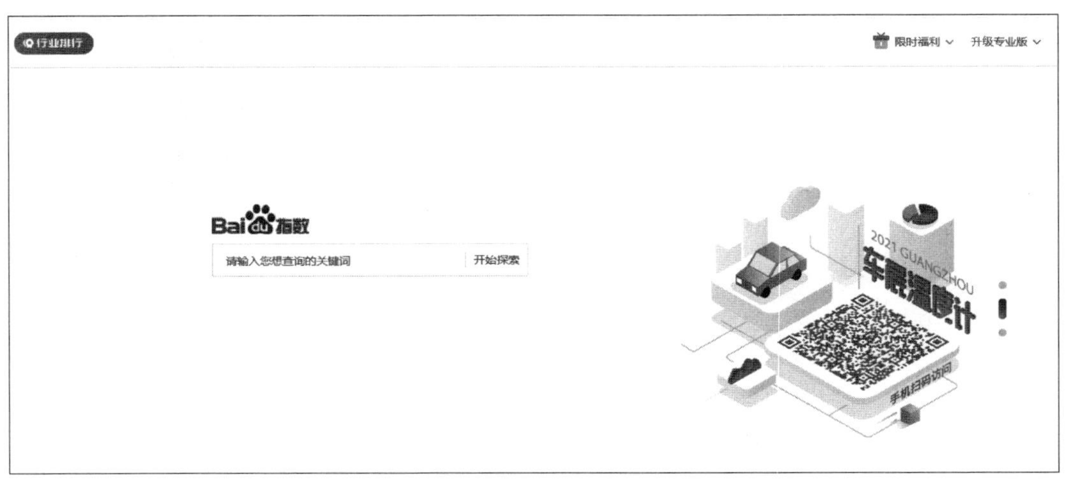

图 2–29　百度指数网

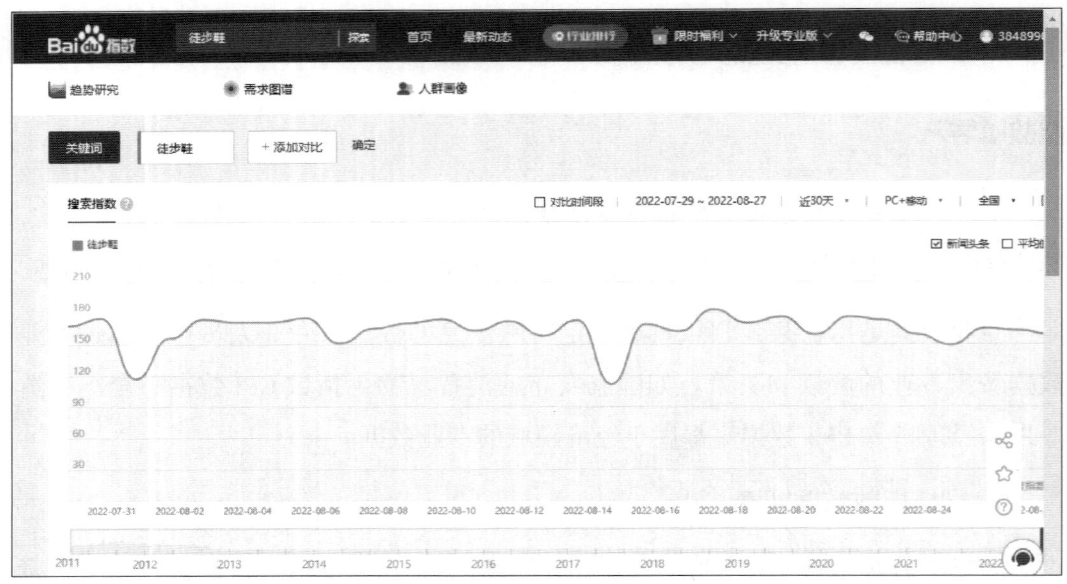

图 2-30　徒步鞋数据指数

（3）在对比栏中点击“添加对比”，输入李宁鞋、特步鞋等，点击“确定”，可以看到每种鞋的数据指数和曲线。从以下数据可以看出，默认显示最近 1 个月的数据里，徒步鞋的关注指数是最上面那条曲线，李宁鞋的关注指数是中间那条曲线，特步鞋的关注指数是最下面那条曲线，如图 2-31 所示。

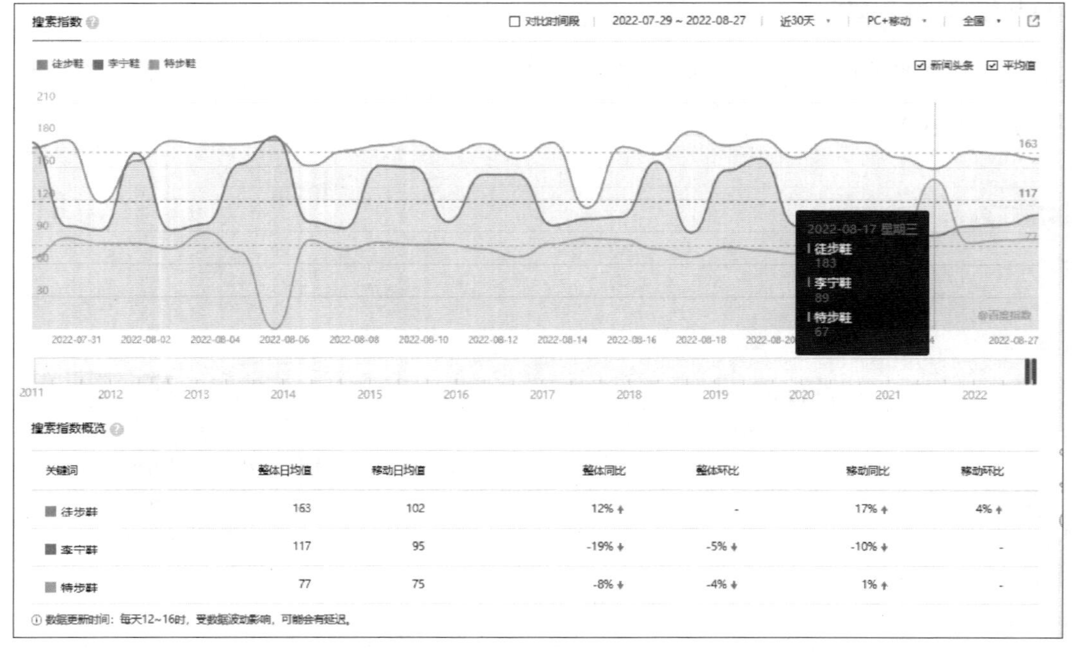

关键词	整体日均值	移动日均值	整体同比	整体环比	移动同比	移动环比
徒步鞋	163	102	12% ↑	-	17% ↑	4% ↑
李宁鞋	117	95	-19% ↓	-5% ↓	-10% ↓	-
特步鞋	77	75	-8% ↓	-4% ↓	1% ↑	-

① 数据更新时间：每天12~16时，受数据波动影响，可能会有延迟。

图 2-31　最近一个月的对比指数

（4）调整时间区间为 2018 年 12 月 2 日—2022 年 8 月 27 日，可显示 3 年多的时间里的指数对比，如图 2–32 所示。

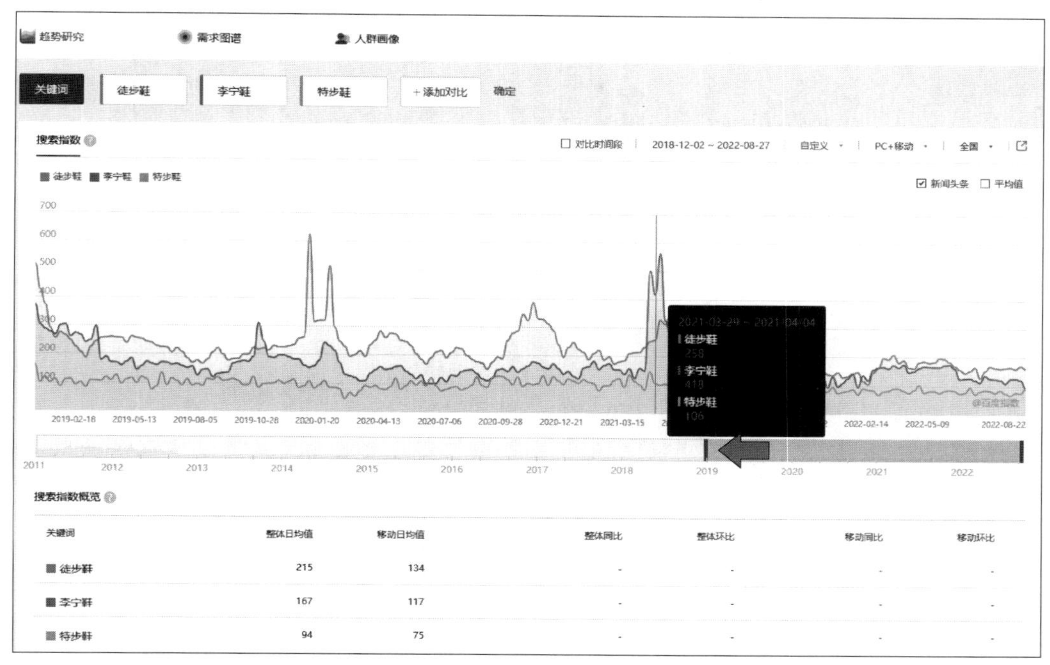

关键词	整体日均值	移动日均值	整体同比	整体环比	移动同比	移动环比
徒步鞋	215	134	-	-	-	-
李宁鞋	167	117	-	-	-	-
特步鞋	94	75	-	-	-	-

图 2–32　近 3 年的指数对比图

（5）点击“人群画像”，可以搜索到不同地区、不同人群对徒步鞋的关注度。可见，北京对此的关注度最高，男性对徒步鞋关注度高于女性，年龄在 30~39 岁间的人群关注徒步鞋更多，如图 2–33 所示。

2. 统计数据搜索

国家统计局网站（www.stats.gov.cn）不仅提供数据查询，同时提供《中国统计年鉴》的在线浏览，如图 2–34 所示。

国家统计局提供全国性，以及较为宏观的地区和行业数据，更为细化的数据可以在各部委网站、各省市统计局网站进行查找。

每个国家都有类似的统计机构，在这些机构的网站上一般都能找到本国的统计数据或者数据查询的链接。

全球性的统计数据可以从世界银行、国际货币基金组织、联合国、经合组织等一些国际性组织的网站上查找。特别推荐世界银行，其不仅提供查找数据，还提供图表化的对比分析。

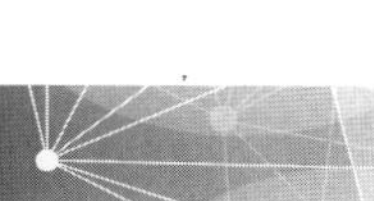

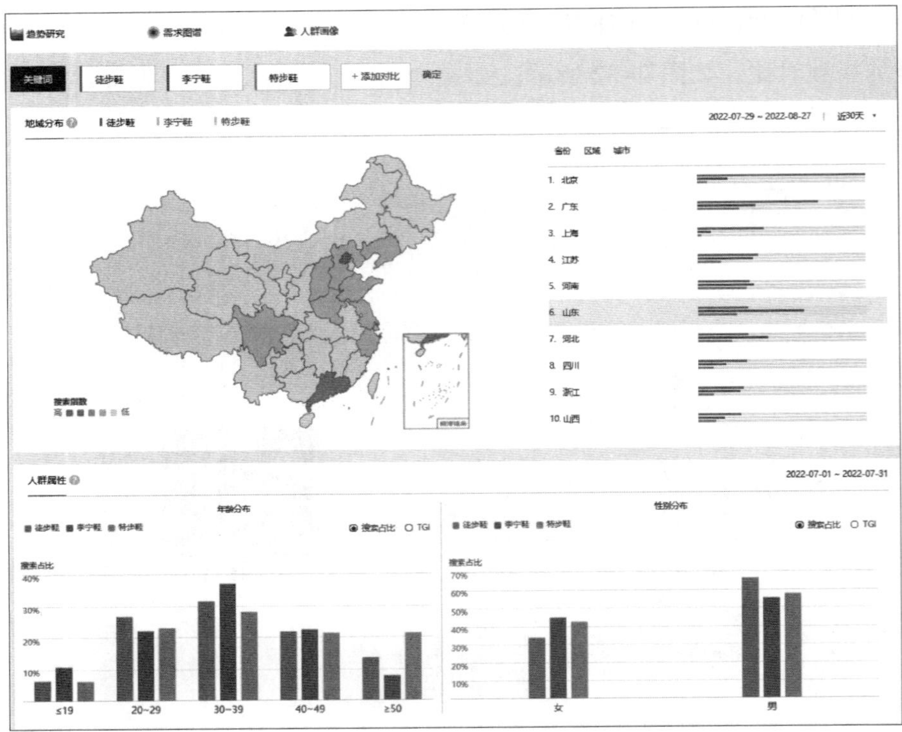

图 2-33 关注地区、人群特征图

图 2-34 国家统计局网站首页

二、图片搜索实用技能

微故事导入

小吴准备在徒步活动策划中，使用大量的高清图片作为宣传内容发布到互联网上，可又担心该类图片具有版权问题并会造成侵权，从而给公司造成不利影响，因此，她需要搜索一些无版权争议的图片，而且还需要为本次活动选取一个合适的图标。

1. 无版权图片库搜索

无版权图片是指作者已将该图片献给公有领域，并已放弃对该图片的所有权以及所有法律允许范围内的邻接权。无版权图片可以随意使用，随意修改，无需他人授权，也无需付费。

以 Color Hub 为例，搜索方法如下。

（1）进入浏览器界面，在浏览器地址栏输入网址 https：//www.colorhub.me/，进入免版权图片库界面，如图 2–35 所示。

图 2–35　免版权图片库界面

（2）在搜索框中输入关键字“徒步”，单击搜索框右边图标按键或按键盘上的 Enter 键，就可搜索到跟“徒步”相关的高清图片。网站中显示共搜索到 1 800 张与“徒步”相关的图片，点击“筛选”中“选择图片宽高比”，可筛选出特定比例的图片，如图 2–36 所示。

（3）选择图片下载。图片下方会显示该图片的尺寸及大小，在右边框选择图片尺寸，点击“免费下载”按键，下载图片，如图 2–37 所示。

图 2–36　与“徒步”相关的高清图片

图 2–37　图片下载

拓展阅读

无版权图片库还有很多的资源库，例如，pixabay 拥有近 10 万张高清无版权图片资源，并可按照颜色进行搜索，网址为 https：//www.pixabay.com。还有世界最大的图片分享网站 wallpaper，其拥有高达 140 多万张的免费图片，网址为 https：//www.wallpaper.com。

2. 图标图库搜索

图标广泛用于 PPT 制作、网页制作、App 开发中。以阿里巴巴旗下知名图标库 iconfont 图标库为例，搜索方法如下。

（1）输入网址。进入浏览器界面，在浏览器地址栏输入 iconfont 图标库网址 https：//www.iconfont.cn/，如图 2–38 所示。

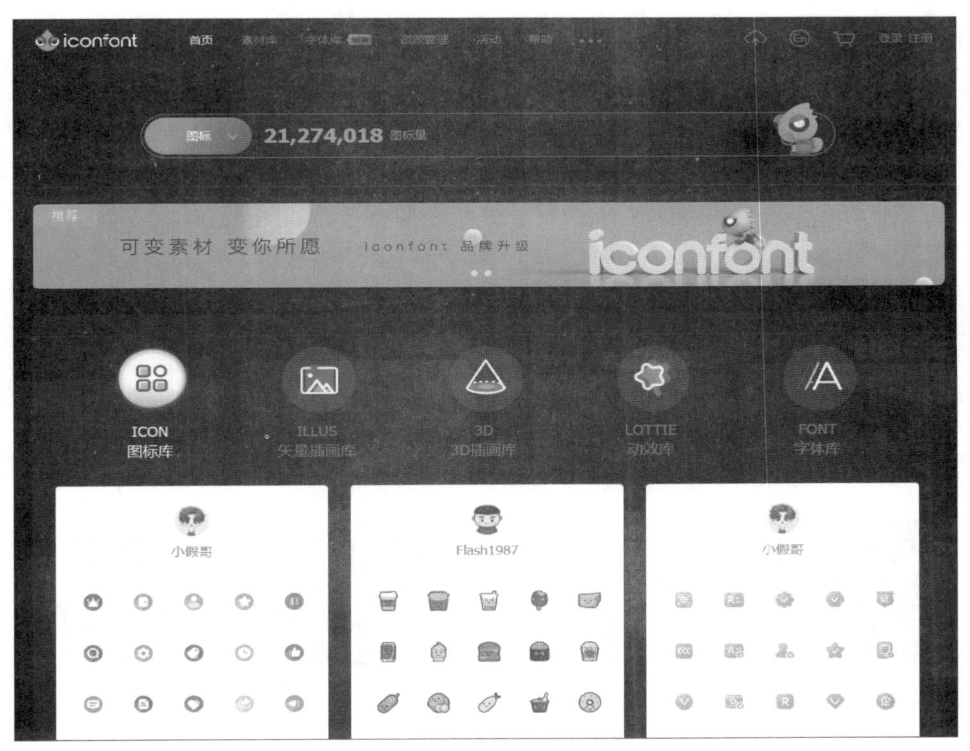

图 2–38 iconfont 图标库首页

（2）搜索图标。在搜索框中输入关键字“徒步”，类别选择图标，然后按键盘上的 Enter 键，就可搜索到跟“徒步”相关的图标，如图 2–39 所示。

（3）选择图标。将鼠标放到某一款与“徒步”相关的图标上，会显示 3 种不

图 2–39　搜索图标

同的选项，分别是加入购物车、收藏、下载。加载进入购物车，可以实现批量下载；收藏后，再次登录进网址就可迅速找到该图标，如图 2–40 所示。

（4）下载图标。点击下载图标按键，进入下载编辑界面，如图 2–41 所示。可以对该图标进行二次编辑，更换不同颜色。界面显示共有三种下载格式，分别是 SVG 格式下载、AI 格式下载、PNG 格式下载。选择所需格式进行下载即可。

图 2–40　选择图标

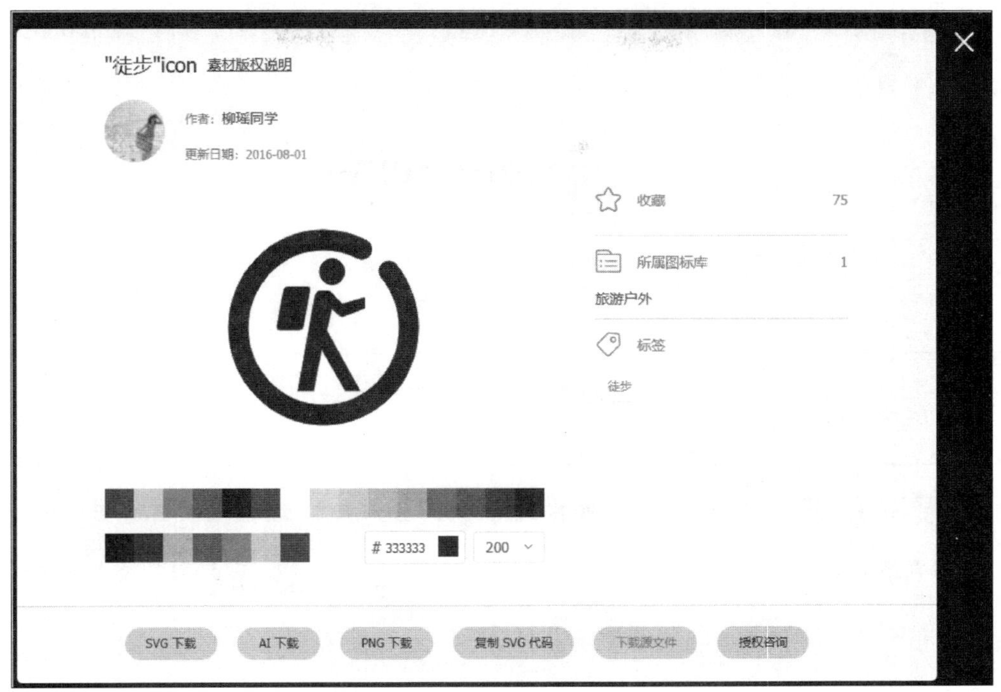

图 2-41 下载图标

三、影音搜索实用技能

微故事导入

在完成了先前一系列资料搜集后，小吴还计划给自己的徒步活动策划 PPT 配上一段视频音效，增加 PPT 展示效果，她准备从两方面入手，首先寻找音效素材，将其融入 PPT 页面切换音效中，可通过影音搜索来处理这个问题；然后再寻找跟徒步活动相关的影视素材，将其用于 PPT 画面当中，可通过影视素材搜索完成该任务。

1. 音效素材搜索

与声音相关的素材，除音乐外，还有音效素材。以“搜狗搜索”为例，音效搜索方法如下。

（1）进入浏览器界面，在浏览器地址栏输入“搜狗搜索”的网址 https：//www.sogou.com/，再点击“微信”选项，如图 2-42 所示。

（2）在搜索栏输入关键词“国内 音效 资源”，点击“搜文章”选项，会出现很多音效资源推荐，选择第一项“全网最全音效资源”，如图 2-43 所示。

图 2-42　搜狗搜索

图 2-43　选取相应内容

（3）在该微信公众平台中，含有众多免费的声音特效及转场音效，并提供了百度网盘的下载地址。可以选取合适的音效资源并下载，将其作为 PPT 页面切换时的转场音效。

2. 影视素材搜索

互联网上的影视资源内容丰富、来源多样。常用的影视素材搜索引擎有 bilibili、优酷、腾讯视频、搜狐视频等。以 bilibili 为例，搜索方法如下。

（1）进入浏览器界面，在浏览器地址栏输入 bilibili 网址：https：//www.bilibili.com/，如图 2-44 所示。在搜索栏输入“徒步”，点击右边的搜索图标按键。

（2）界面显示出跟“徒步”相关的视频资源有 99 个以上，其中，番剧资源有 1 个，影视资源有 13 个，直播资源有 1 个；专栏也有 99 个以上，如图 2-45 所示。

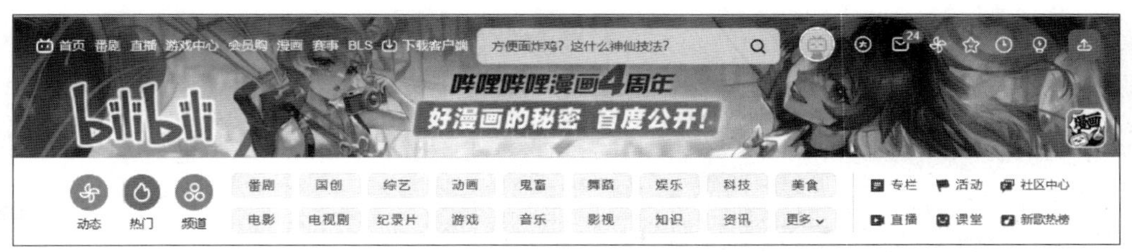

图 2-44　bilibili 网站首页

图 2-45　搜索结果

（3）点击相关视频的“立即观看”按键，可以实现在线播放和下载分享，但部分资源需成为注册会员才能观看完整版本以及提供下载功能。

总结与情景拓展

总结

通过以上学习，我们对如何进行专业数据搜索、图片搜索和影音搜索有了初步的认识，能够在不同的工作场景下对图像、声音和视频等信息进行整合与重构。

应用场景拓展

小吴在工作中，经常会处理文字、图像、声音和视频等信息，请你利用学习到的方法，根据自己的工作实际，完成工作中的常见问题吧。

即学即用

1. 请举例说明常见的综合类搜索引擎有哪些。

2. 请举例说明有什么好的方法来辨别谣言和诈骗信息。

3. 专业数据一般通过专业网站来获得，请结合自己的工作实际列举你所知道的专业网站。

第3章 数字信息处理能力

学习目标

1. 能够利用智能化信息技术收集信息。
2. 能够对收集来的数字信息进行加工。
3. 能够根据工作场景创建数字内容。

学习导读

某公司计划在近期召开公司年会，领导交代给宣传部一个任务，即进行年会的宣传工作。宣传部王部长对此次工作进行部署：在年会前，通过公司网站和公众号宣传公司今年取得的成就和先进典型人物，为年会召开提前预热，并且需要为年会制作宣传视频和电子邀请函等。这项宣传工作，应该怎么开展呢？

在现代社会中，对数字信息的处理能力是一个人的核心竞争力之一。智能化的信息收集技术、数字信息加工技术和创建数字信息内容技术是现代社会人必备的技能之一。学习导读中，宣传部按照工作流程需要事先收集宣传所需的资料，并利用数字技术进行宣传的一系列工作。

数字信息处理能力是通过数字设备对文字、图像、音频和视频等信息进行智能处理、加工和创作，并用以解决实际问题的能力。

数字信息通过文字、图像、音频和视频媒体承载。信息处理，就是利用计算机等数字设备和媒体处理软件，对数字媒体进行加工，形成有效数字信息，用以解决实际问题。

本章分别以文字、图像、音频和视频媒体信息的智能化处理、加工和创建为例，学习数字信息处理能力。

第1节　智能化信息处理

1. 能够根据需要利用语音识别功能将会议录音识别为文字。
2. 能够利用智能扫描软件对图片信息进行扫描收集。
3. 能够将手机记录的声音和视频文件进行传输和备份。

学习导读

为了更好地完成年会宣传任务，宣传部召开了前期的准备会议，主要目的是任务分解和工作分工。小齐是宣传部文秘，为了提高工作效率，小齐打算利用一些新的信息技术来帮助自己，如果你是小齐，你将如何开展工作呢?

根据上述工作情境，可利用语音识别等智能化技术实现文字信息的快速输入，使用手机扫描手段将图像信息电子化，使用微信等第三方软件对声音和视频信息进行快速导入和导出。

一、文字信息的智能输入与输出

微故事导入

某公司宣传部召开了一次年会宣传的准备会议，为了提高效率，小齐决定利用语音识别功能来进行会议内容的记录。

在现代快节奏的社会的工作和生活中，提高文本输入的效率势在必行。目前，文本的智能化输入方式有两种：语音识别和文本识别（Optical Character Recognition，OCR）。语音识别是指利用语音识别技术，将语音转换为文字信息；文本识别

（OCR）是指采用光学方式，利用字符识别方法把形状翻译成计算机文字的过程。

目前，常见的语音识别工具软件有讯飞听见、腾讯云语音识别等；常见的 OCR 识别软件有百度 OCR、腾讯 OCR、讯飞 OCR、扫描全能王等内嵌 OCR 功能的应用。

以讯飞听见为例，将语音识别为文字的过程如下。

（1）打开手机上的“应用市场”，在搜索栏中输入“讯飞听见”，点击“搜索”按钮，下载并安装“讯飞听见”，如图 3–1 所示。

图 3–1　下载并安装“讯飞听见”

（2）安装完毕后，注册软件并打开界面。点击“开始录音”按钮，即可进行会议的录音。此时，发言人的语音被软件捕获，并在软件界面上显示。会议结束后，点击进行确定，如图 3–2 所示。

（3）在主界面上点击转文字，将音频信息上传到服务器，选择“机器快转”方式，并点击“提交转写”按钮，如图 3–3 所示。

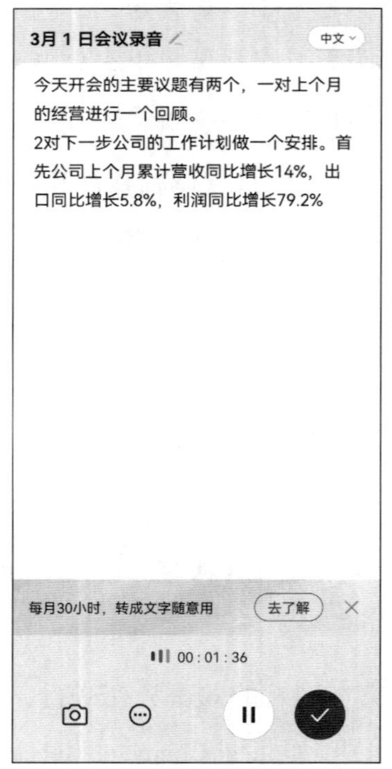

图 3–2　捕获声音并转换为文字信息

图 3–3　将音频转化为文字

（4）文字输出。音频转换为文字后，可导出为 Word 文档，并且将文档分享到微信、QQ 或发送到计算机，如图 3–4 所示。

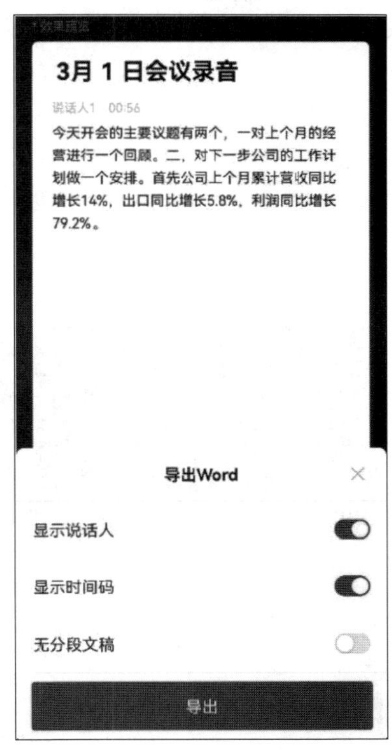

图 3–4 文字导出为 Word 文档

二、图像信息的智能输入与输出

微故事导入

在会议上，领导交代给小齐一项工作任务，为了后期对公司典型人物进行宣传，需要将相关人员的荣誉证书进行扫描存档。小齐按照领导要求，利用智能扫描软件将本年度公司员工获得的荣誉证书进行电子化存档。

智能扫描软件能够自动扫描文件，生成高清扫描件，同时支持 JPEG、PDF 等多种格式保存，还能将扫描件一键转换为 Word、Excel、PPT 等多种格式文档，通过手机、平板电脑、计算机等多设备同步查看。通过文档扫描，可以将纸质的文件、证件等转化为电子文件，方便保存。以“扫描全能王”为例，操作方法如下。

（1）打开手机上的“应用市场”，在搜索栏中输入“扫描全能王”，点击“搜索”按钮，下载并安装该应用。

（2）打开“扫描全能王”，进入主界面，点击界面下方的“扫描新文档”或者点击按钮，即可对奖状进行扫描。扫描文件时，需要提前开启手机的照相和存储权限，如图 3–5 所示。

（3）扫描过程中，可以点击屏幕下方的各选项进行设置，如去掉文档阴影、增亮、增强、优化等，点击屏幕右下方的“”进行确定，如图 3–6 所示。

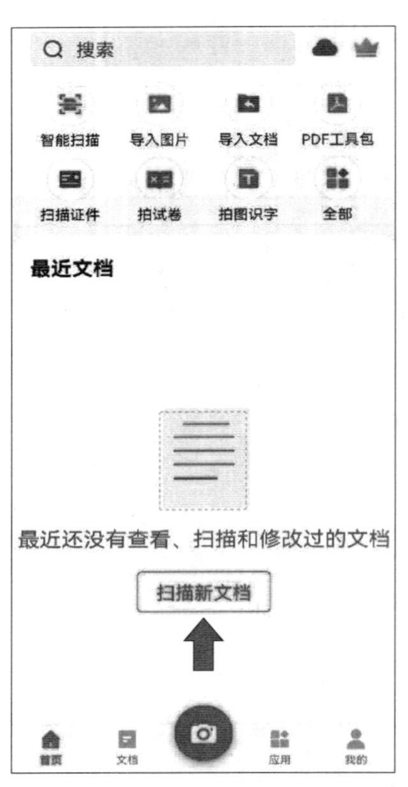

图 3–5　扫描全能王主界面图

图 3–6　扫描奖状

（4）奖状扫描成功，点击界面下方的“完成”按钮结束扫描，也可以点击“继续添加”按钮继续扫描，如图 3–7 所示。

（5）图像输出。扫描结束后，可以根据需要，批量将扫描后的电子版奖状分享到微信、QQ 或发送到计算机，如图 3–8 所示。

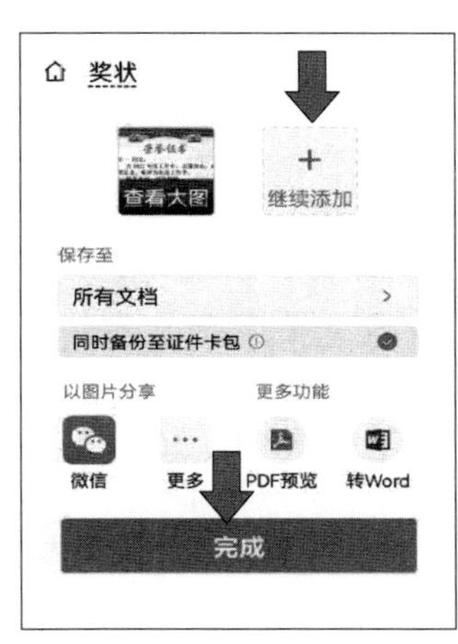

图 3–7　扫描结束

图 3–8　图像输出

三、音频和视频信息的智能输入与输出

微故事导入

小齐作为会议记录和整理的工作人员，需要将会议的相关内容进行整理和备份，其中在会议上录制的会议录音和视频也需要备份到计算机中。

将手机中的音频和视频文件导入到计算机的方法有第三方软件导入、有线传输等。

1. 第三方软件导入

如果音频和视频文件较小，可以使用微信或者 QQ 等第三方软件进行导入。以微信为例，操作方法如下。

（1）打开个人微信，点击“通讯录”按钮，在搜索框中输入“文件传输助手”，打开文件传输助手，如图 3–9 所示。

（2）点击消息发送框右边的“+”号，选择“相册”，即可打开手机的“图片和视频”文件夹，选择需要导入计算机的音频和视频文件，点击右上角的“发送”按钮即可，如图 3–10 所示。

图 3-9　微信文件传输助手

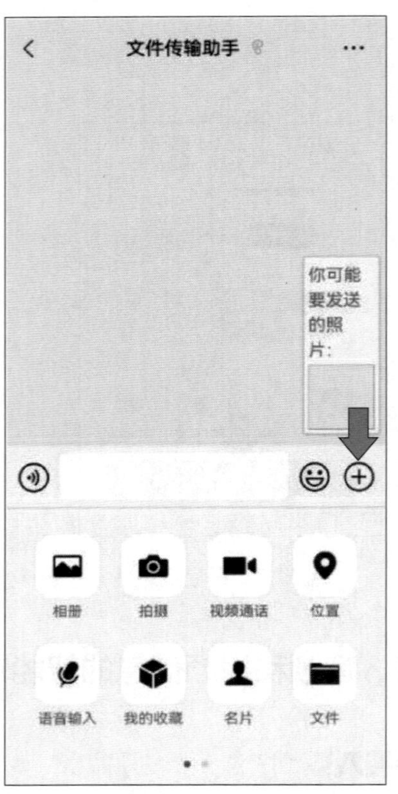

图 3-10　利用文件传输助手发送视频

2. 有线传输

如果音频和视频文件较大，使用有线传输是最快的方法。以华为手机为例，操作方法如下。

（1）打开手机上的“USB 调试”功能。打开手机主界面上的“设置”功能，点击“系统和更新”选项，再点击“开发人员选项”，如图 3–11 所示。

（2）将“USB 调试”功能打开，如图 3–12 所示。

（3）用 USB 数据线连接手机和计算机，如图 3–13 所示，直接在计算机的资源管理器中找到手机的存储空间，然后将手机里的音频和视频文件拖动到计算机上即可。

图 3–11　系统和更新设置

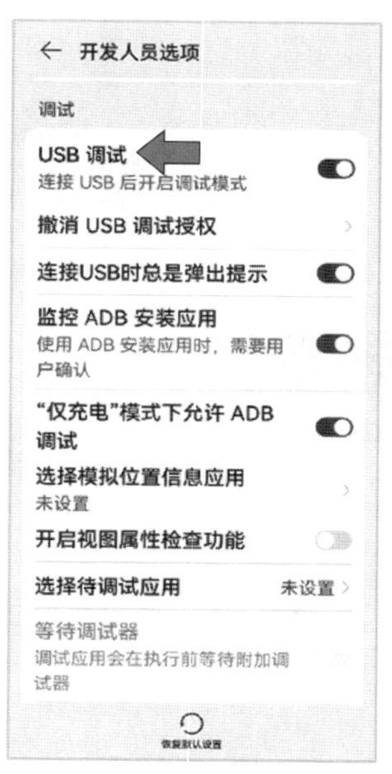

图 3–12　打开“USB 调试”功能

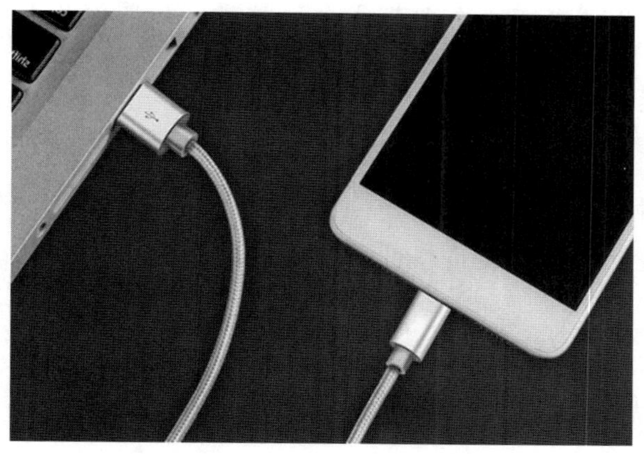

图 3–13　USB 数据线连接手机和计算机

总结与情景拓展

总结

我们学习了如何利用现代化的信息手段对文本信息、图像信息和音频、视频信息等进行智能化的信息收集，为这些信息的进一步处理打下基础。

应用场景拓展

在刚才的工作场景中，小齐利用现代化的信息收集手段提高了工作效率，你能够根据不同的工作场景，利用这些智能化的手段快速地收集这些信息吗？

第2节　数字信息加工

学习目标

1. 能够使用文档排版软件对会议纪要进行记录并整理。
2. 能够使用图像处理软件对图片进行美化。
3. 能够使用音视频处理软件进行文件压缩与格式转换。

学习导读

最近市场部要召开年度总结会议，小周作为市场部工作人员，接到一个任务，需要对会议相关资料进行记录并整理成会议档案，如果你是小周，你将如何开展这项工作呢?

在不同的工作场景中，文字、图像、音频和视频可以帮助我们更好地传递信息。根据工作需要，可以使用电子文档排版软件对文字进行编辑排版、使用图像处理软件对图片进行美化与处理、使用音频和视频处理软件对音视频进行剪辑和压缩等处理。

一、文字信息的整合与重构

微故事导入

在市场部年度总结会议上，小周作为会议记录人，需要对会议内容进行记录，并按照公司模板，将其整理成格式规范的会议纪要。小周决定利用电子文档排版软件进行会议内容的记录。

1. 文字编辑排版

市面上有许多文字编辑排版软件，常见的有 WPS Office、Microsoft Office 等。以 WPS Office 为例，进行文字编辑排版的方法如下。

（1）打开 WPS Office 软件，软件图标如图 3–14 所示。单击菜单栏“文件 – 新

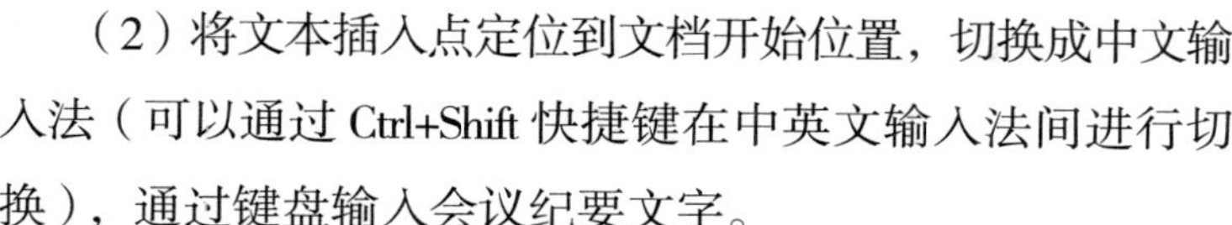

建”，在新建界面单击左侧列表的“新建文字”按钮，在主界面中单击“新建空白文字”缩略图的“+”按钮，创建一个空白文档，登录状态下文件会自动保存到 WPS 云文档。

图 3–14　WPS Office 软件图标

（2）将文本插入点定位到文档开始位置，切换成中文输入法（可以通过 Ctrl+Shift 快捷键在中英文输入法间进行切换），通过键盘输入会议纪要文字。

（3）为了让文档更加规范，便于阅读，需要对会议纪要进行文档格式设置。

1）设置字符格式。选择文档标题“会议纪要”，选择“开始”菜单栏中的字体样式和字体大小，设置文字格式为“黑体，二号”，选择居中按钮将标题文字设置为水平居中，如图 3–15 所示。

会议纪要

会议时间：2022 年 12 月 20 日
会议地点：第一会议室
会议主题：2022 年度市场部总结会
会议主持人：王经理
与会人员：市场部全体人员

一、公司去年情况
1. 公司销售情况。
2. 公司在每个员工的共同努力下向上发展。
3. 公司员工工作态度都是积极向上的，老员工对新员工的照顾，相互之间的学习，相互尊重，为工作创造了良好的氛围。
二、存在问题
1. 工作条理性不强，分工责任未到人。
2. 部分员工团队合作意识不强。
三、明年工作重点
1. 制定部门内部早会制度。
2. 技术部开展对车间人员的培训。
3. 开源节流。注重每一个细节，从源头降低成本。
4. 各部门协调。部门负责人加强交流和沟通，提升团队合作精神，使工作效率提高。
5. 工作态度。员工端正工作态度，勇于承担责任，在新的一年中积极工作，树立良好的形象。

图 3–15　文档标题格式设置

点击“Ctrl”键，依次选择“会议时间”“会议地点”“会议主题”等文字，设置文字格式为“黑体，三号”。选择其他正文文字，在“开始”菜单栏设置文字格式为“仿宋，三号”。如图 3–16 所示。

2）设置段落格式。选择正文文字，单击鼠标右键，弹出如图 3–17 所示页面。选择“段落”，在对话框中设置首行缩进 2 字符，行距 1.5 倍，如图 3–18 所示。

3）添加水印。通过添加一些特定的 Logo 图片或者文本，增强文档的识别性。选择“插入”菜单栏中的“水印”选项，在“预设水印”中选择合适的水印文字，或通过自定义水印，设置个性化的水印效果，如图 3–19 所示。

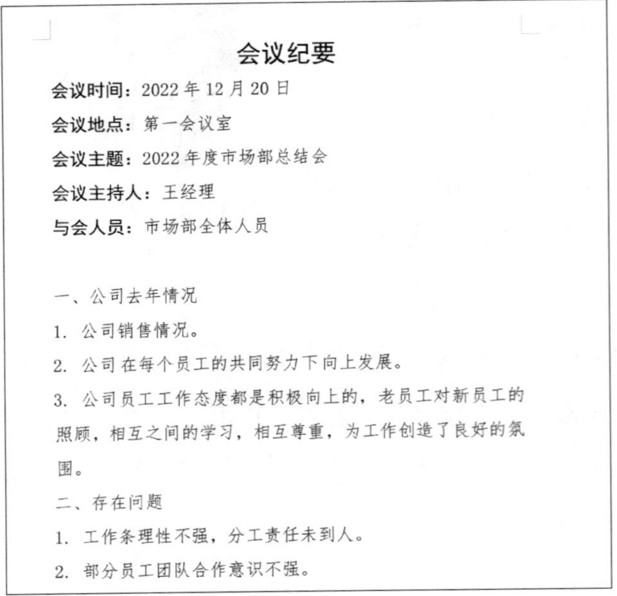

会议纪要

会议时间：2022 年 12 月 20 日

会议地点：第一会议室

会议主题：2022 年度市场部总结会

会议主持人：王经理

与会人员：市场部全体人员

一、公司去年情况

1. 公司销售情况。

2. 公司在每个员工的共同努力下向上发展。

3. 公司员工工作态度都是积极向上的，老员工对新员工的照顾，相互之间的学习，相互尊重，为工作创造了良好的氛围。

二、存在问题

1. 工作条理性不强，分工责任未到人。

2. 部分员工团队合作意识不强。

图 3–16　正文文字格式设置

图 3–17　设置段落格式

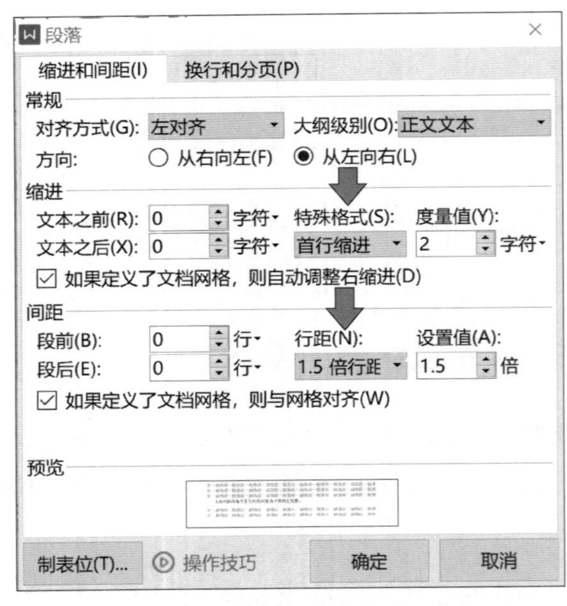

图 3–18　设置首行缩进和行距

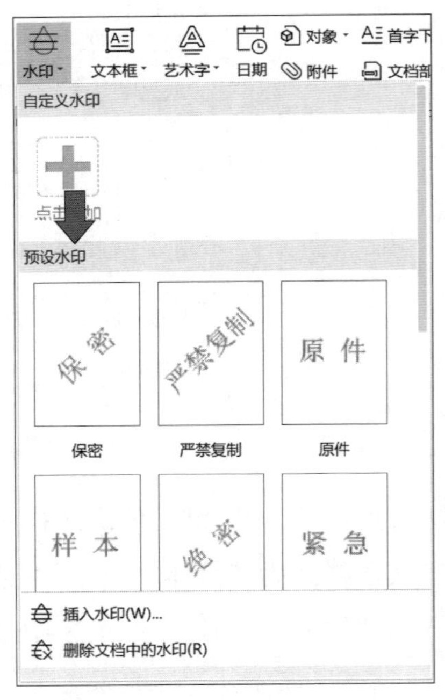

图 3–19　设置水印

（4）保存文档。对编辑好的文档要及时保存，以便下次查看和再次编辑。在 WPS Office 中，文档既可以保存在计算机中，如图 3–20 所示，也可以保存到云文档中，方便随时随地查看文档，如图 3–21 所示。

图 3–20　保存文档到计算机

另存文件
位置(I)：WPS网盘
我的云文档
共享文件夹
我的电脑
我的桌面
我的文档
名称
修改日期
类型
大小
与我共享 文件夹
我的设备 文件夹
应用 2022/07/04 23:47 文件夹
我的资源 2022/06/10 15:59 文件夹
欢迎使用WPS云文档.docx 2021/04/18 09:55 DOCX 文档 16 KB
使用团队协作办公.docx 2021/04/18 09:55 DOCX 文档 204 KB
文件名(N)：会议纪要. docx
文件类型(T)：Microsoft Word 文件(*.docx)
文档原始位置
加密(E)...
保存(S)
取消

图 3–21　保存文档到云文档

对于非常重要的文档，如果不希望别人查看和修改文档内容，可以为文档设置密码，使文档只能被知道密码的用户打开和修改，如图 3–22 所示。

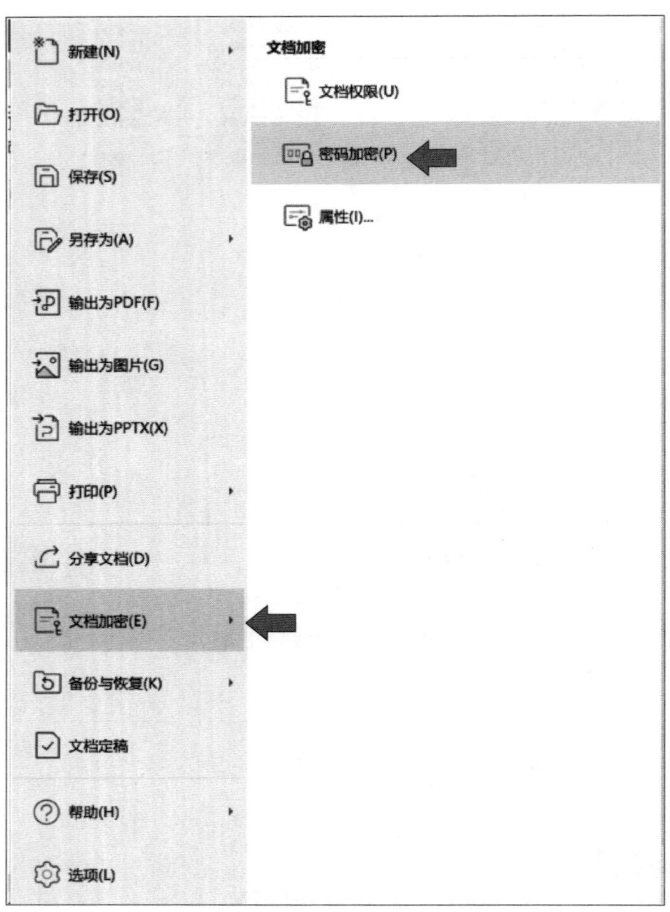

图 3–22　设置文档密码

2. 文档模板使用

文档模板是指在 WPS Office 中内置的包含固定格式和版式设置的文档，用于帮助用户快速生成特定类型的文档。在 WPS Office 中，除了通用型的空白文档模板外，还内置了许多文档模板，如求职简历、职场办公、人资行政等，借助这些模板，用户可以快速创建专业的 WPS Office Word 文档。

单击菜单栏“文件—新建”，在新建界面单击左侧列表的“新建文字”按钮，在主界面搜索框中输入“会议纪要”进行搜索，选择其中需要的模板即可，如图 3–23 所示。

模板下载后可根据需要进行修改。

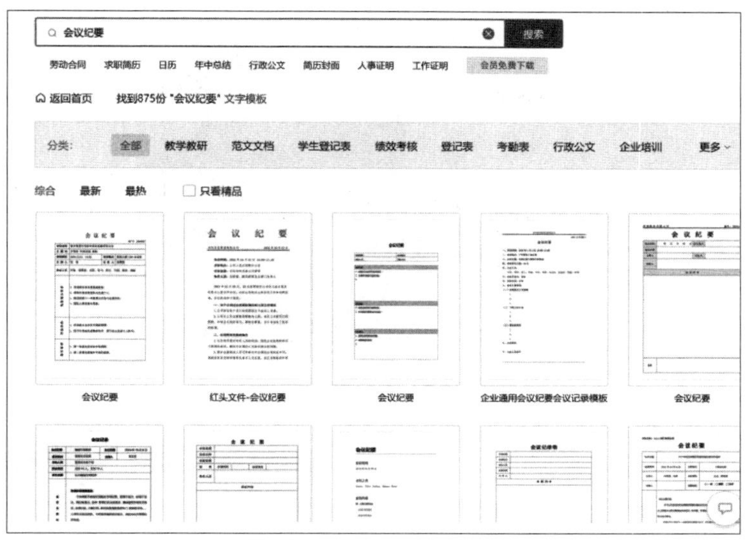

图 3–23　搜索文档模板

二、图像信息的整合与重构

微故事导入

小周拍摄了市场部门日常工作的一些照片，但有一些照片存在亮度较低、对比度不够等问题，需要对图片进行进一步的美化处理；还需要将多张图片进行拼接，将其作为宣传报道的配图。

1. 图片美化

常用的图片处理软件有美图秀秀、光影魔术手、ACDSee、Photoshop 等，以美图秀秀软件为例，进行图片美化的方法如下。

（1）图片光效设置

亮度较暗、对比度不够的图片如图 3–24 所示。

打开美图秀秀软件，单击“美化图片”菜单栏，在主界面点击“打开图片”按钮，选择需要美化的图片并打开，如图 3–24 所示。单击左侧列表的“光效”，通过拖动“智能补光”“亮度”等选项的滑块对亮度和对比度等进行设置，如图 3–25 所示。

（2）图片色彩设置

在主界面的左侧列表中点击“色彩”，进入色彩设置界面，可以对“色相”“饱和度”“明度”等进行设置，如图 3–26 所示。

图 3–24　需要美化的图片

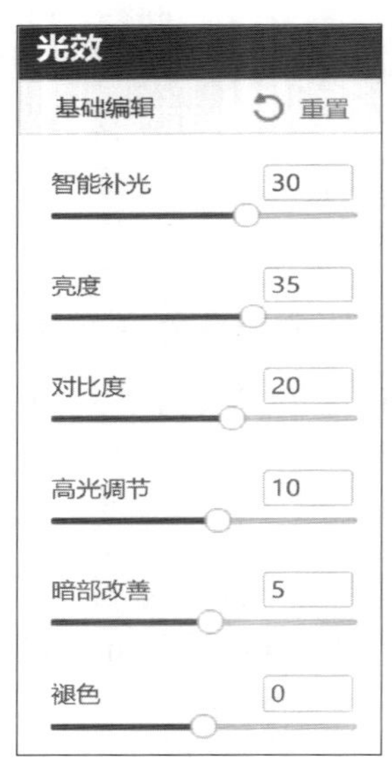

图 3–25　图片光效设置

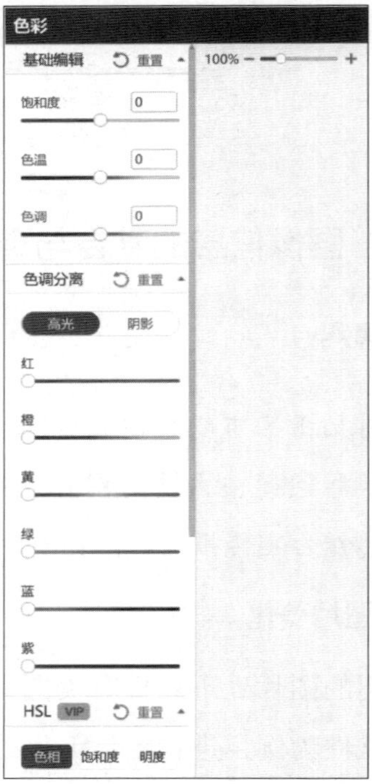

图 3–26　图片色彩设置

（3）图片智能优化

智能优化可以对不同类型的图片进行快速美化设置。在主界面的左侧列表中点击“智能优化”，进入图片的智能优化设置界面，如图 3–27 所示。根据图片的类型，可以选择“美食”“静物”“风景”“去雾”“人物”“宠物”等并进行一键美化图片。

经过对光效和色彩等方面的设置，图片的暗沉等问题得到改善，亮度增强，如图 3–28 所示。

图 3–27　智能优化设置界面

图 3–28　处理后的图片

2. 图片处理（抠图和拼图）

抠图是图像处理中常见的操作之一，是把图片的一部分从原图中分离出来，在美图秀秀软件中，可以手动抠图，也可以智能抠图。拼图则是将多张图片拼接成一张图片，可以规则拼图，也可以自由拼图。

（1）手动抠图

打开美图秀秀软件，图标如图 3–29 所示。单击“抠图”菜单栏，在主界面点击“打开图片”按钮，选择需要抠图的图片并打开。单击左侧列表栏的“手动抠图”，鼠标变成钢笔形状。用钢笔沿着需要抠图的物品或者人物边缘进行勾画，再点击“应用效果”，即可完成手动抠图，如图 3–30 所示。

图 3–29　美图秀秀图标

（2）智能抠图

美图秀秀提供了 AI 智能技术，可以自动一键抠图，如人像抠图、物品抠图等。打开一幅图片，在主界面上点击“抠图”菜单，在左侧的列表栏中点击“智能抠图”，根据需要抠图的类型（人像、物品和图标）点击对应的按钮，系统可以自动识别需要抠图的类型并进行抠图。自动抠图完成后，也可以手动微调，先点击“添加选区”或者“删除选区”，再点击想添加或者删除的区域，即可大面积抠图或删除已抠图。

例如，要对照片中的人像进行抠图，可在“识别类型”菜单下勾选“自动识别”选项，选择人像按钮，软件会根据选择的类型进行智能抠图，如图 3–31 所示。

图 3–30　手动抠图

图 3–31　智能抠图

抠图完成后的效果如图 3–32 所示。

图 3–32　抠图完成后的效果

（3）拼图

打开美图秀秀软件，点击“拼图”菜单，单击“打开图片”按钮，将第一张照片添加到美图秀秀中。点击左侧列表栏中的“模板拼图”，如图 3–33 所示。

在右侧的模板拼图样式列表栏中选择“3”（此处的 3 代表有 3 张照片），选择任意一种布局样式，如图 3–34 所示。

点击左侧列表栏中的“添加图片”，将剩余图片添加到界面中。调整图片位置后，点击“确定”按钮，最终效果如图 3–35 所示。

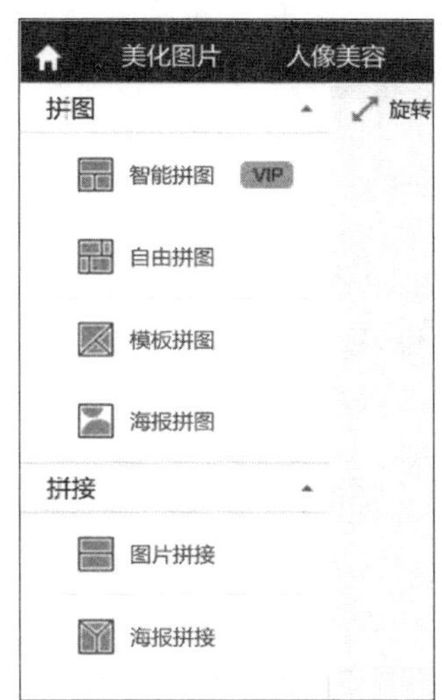

图 3-33　模板拼图

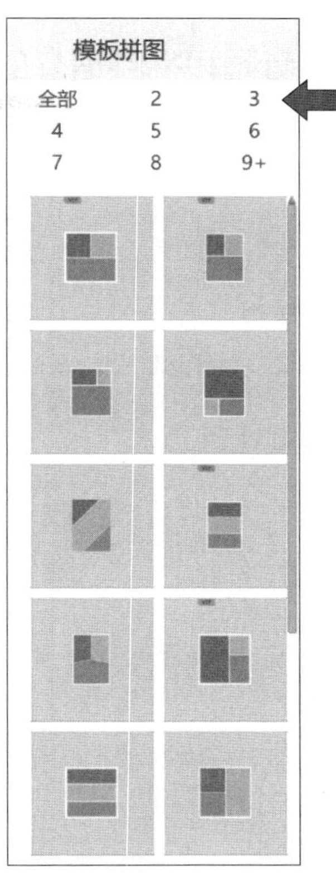

图 3-34　模板拼图布局样式

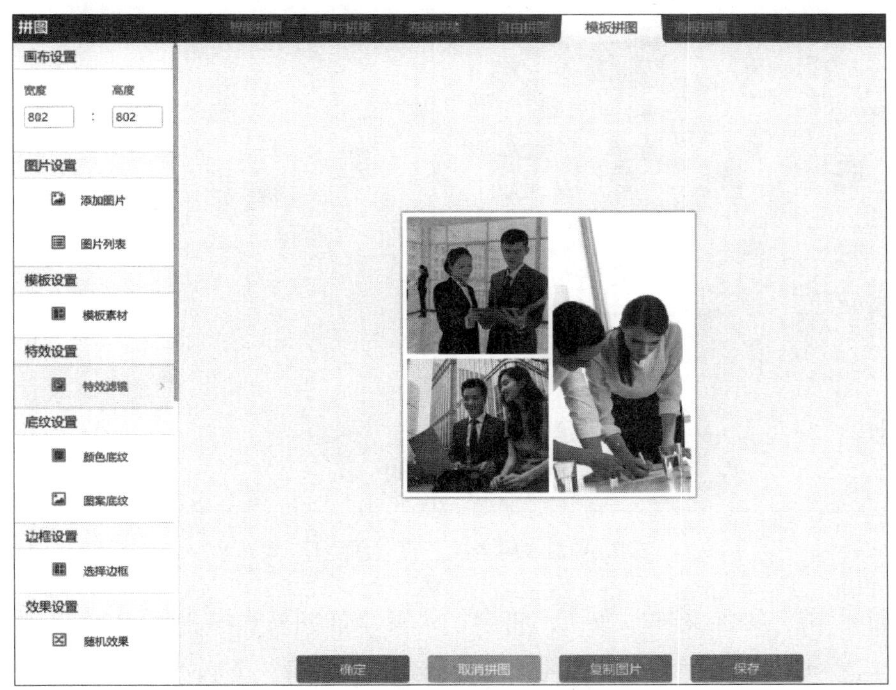

图 3-35　模板拼图效果

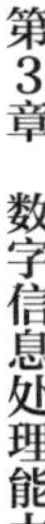

三、音频和视频信息的整合与重构

微故事导入

小王作为会议的会务人员，协助小周进行会议的发言录音和摄像工作。会后，小王需要对相关人员的会议发言录音和视频进行整理，将不需要的录音和视频画面进行剪辑，然后根据需要对录音和视频的格式进行转换。

1. 音频处理

录音时，有时可能会收录一些无关紧要的音频，使用时需要将无关紧要的音频剪切，并将剪切后的音频合并生成新的音频。以格式工厂软件为例，操作方法如下。

（1）打开格式工厂软件，在左侧列表栏中点击“音频”选项，选择想要剪辑的音频格式，一般推荐格式为 MP3，如图 3–36 所示。

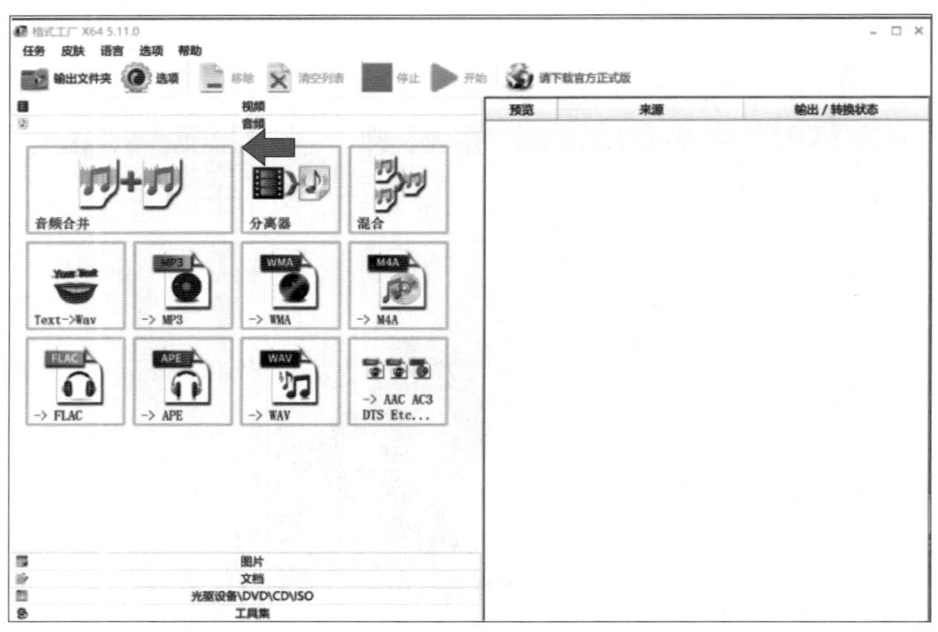

图 3–36 格式工厂音频处理

（2）点击“添加文件”按钮，将会议录音添加到列表中，如图 3–37 所示。添加完成后，可以点击“分割”按钮，将音频按照时间、个数或大小平均分割。例如，需要将会议录音的前 5 秒进行剪辑，则点击“选项”按钮，进入精确剪辑模式，可以根据需要选择剪辑片段的开始时间和结束时间。剪辑结束后点击确定保存，如图 3–38 所示。

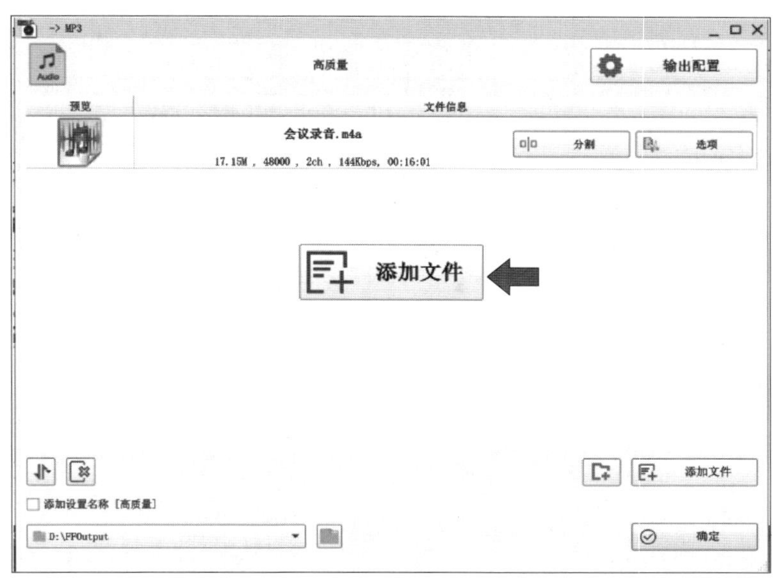

图 3–37　添加录音文件到列表

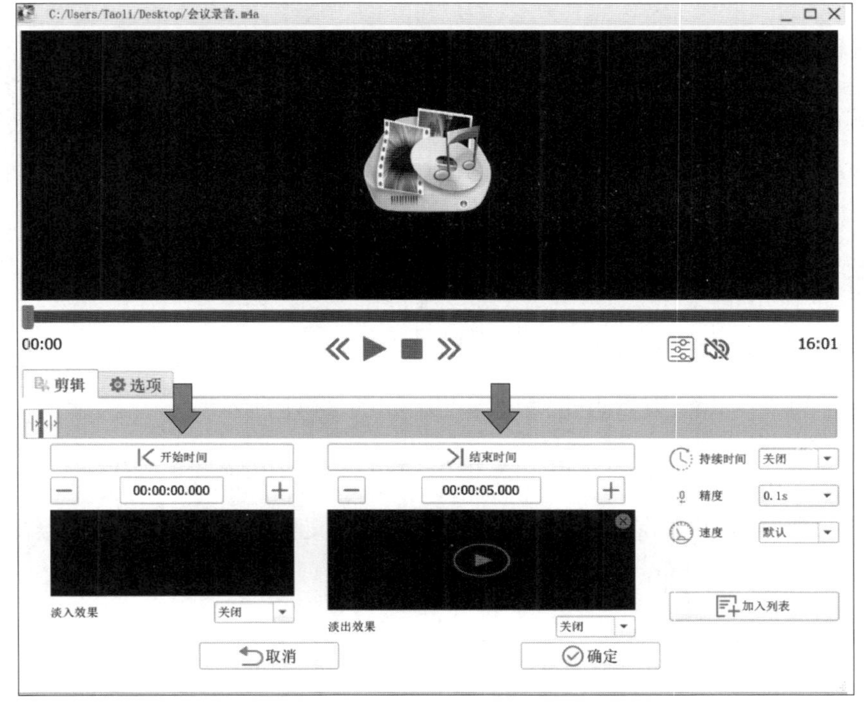

图 3–38　剪辑录音

第3章　数字信息处理能力

（3）将多个音频剪辑完成后，如果需要将它们合并形成新的音频，可以在主界面点击“音频合并”按钮，将多个音频文件添加到列表中，点击确定按钮，如图 3–39 所示，即可完成音频合并。

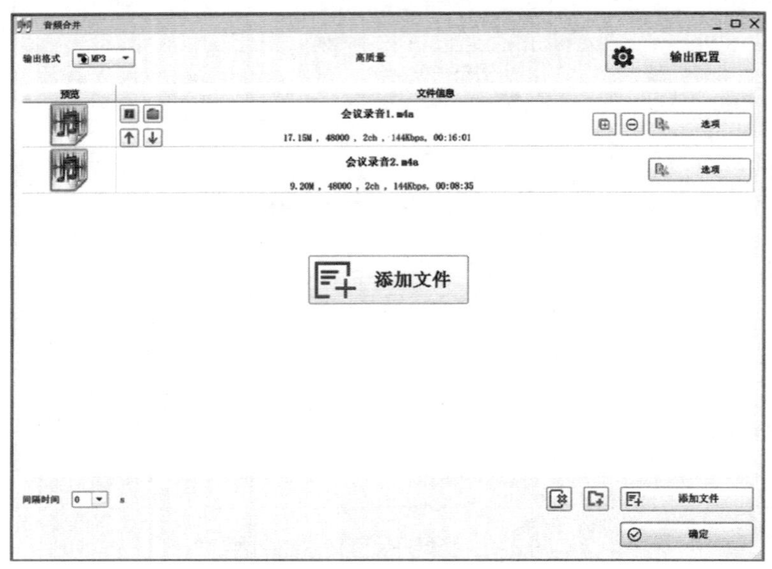

图 3–39　合并音频

2. 视频处理

在录制的视频中，有一些不需要的视频画面，也可以利用格式工厂软件对原视频进行剪切并重新组合成新的视频，操作方法如下。

（1）打开格式工厂软件，在左侧列表栏中点击“视频”选项，点击“快速剪辑”按钮，添加视频文件，如图 3–40 所示。

（2）添加完成后，进入精确剪辑模式，可以根据需要选择剪辑片段的开始时间和结束时间。剪辑结束后点击确定保存。如图 3–41 所示。

（3）将多个视频剪辑完成后，如果需要将它们合并形成新的视频，可以在主界面点击“视频合并 & 混流”按钮，将多个视频文件添加到列表中，点击确定按钮，如图 3–42 所示，即可完成视频合并。

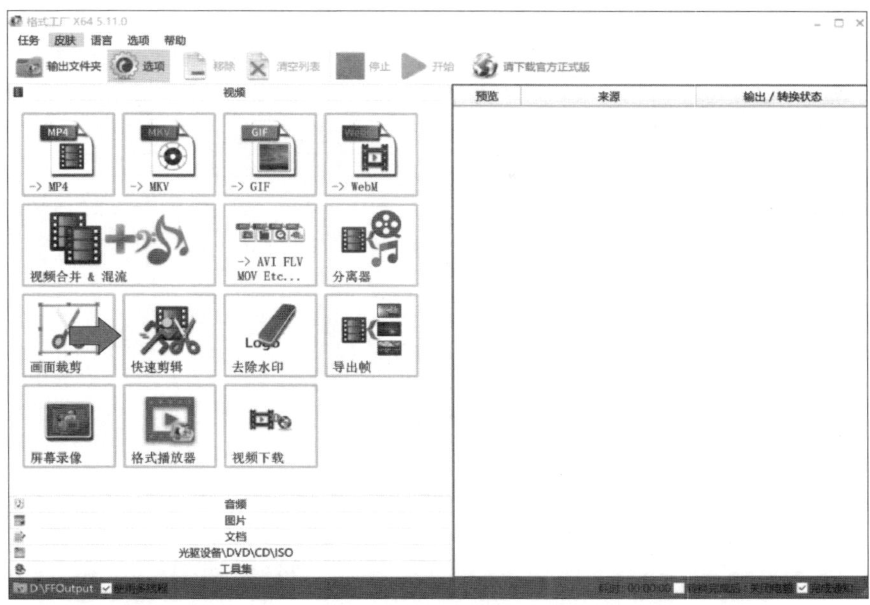

图 3-40　格式工厂视频处理

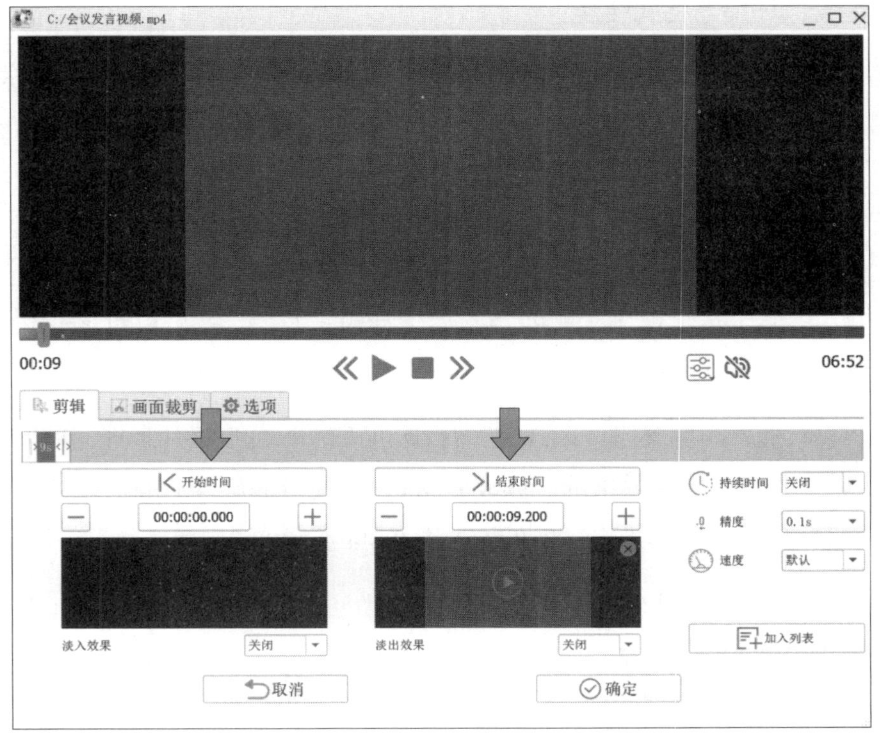

图 3-41　剪辑视频

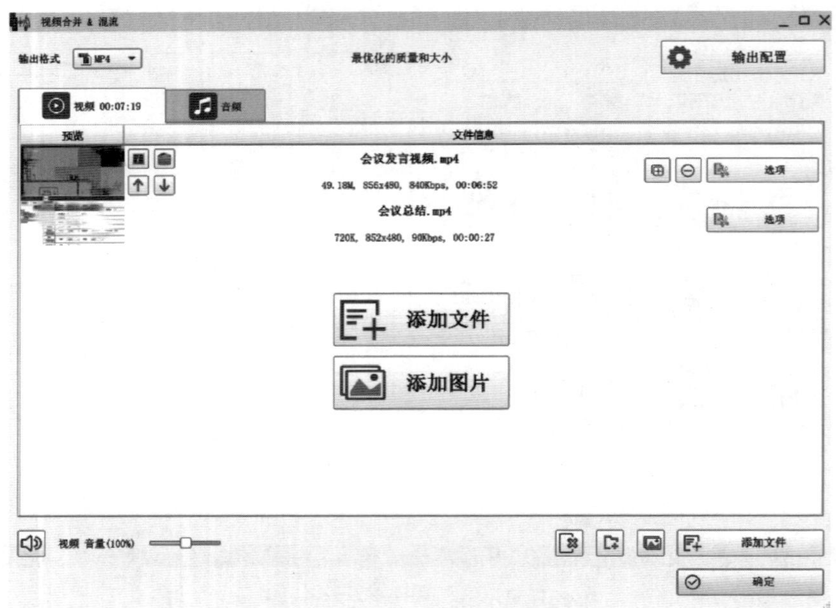

图 3–42　合并视频

3. 音视频压缩与格式转换

格式工厂作为一款专业的格式转换软件，可以帮助用户将各种类型的音频、视频转换成需要的格式，同时还可以在保证声音和图像质量的情况下压缩其大小。

（1）音频压缩与格式转换

打开格式工厂软件，在左侧的列表栏中点击“音频”，点击将要转换的格式“MP3”按钮，如图 3–43 所示。

点击“添加文件”按钮，选择需要压缩和转换格式的录音文件。此时，点击右侧的“输出配置”，在弹出的音频设置对话框中，选择“高质量”“中质量”或者“低质量”后，点击“确定”即可，如图 3–44 所示。

（2）视频压缩与格式转换

打开格式工厂软件，在左侧的列表栏中点击“视频”，点击将要转换的格式“MP4”按钮，如图 3–45 所示。

点击“添加文件”按钮，选择需要压缩和转换格式的视频文件。此时，点击右侧的“输出配置”，在弹出的视频设置对话框中，在“大小限制”列表中选择需要压缩的视频容量后，点击“确定”即可，如图 3-46 所示。

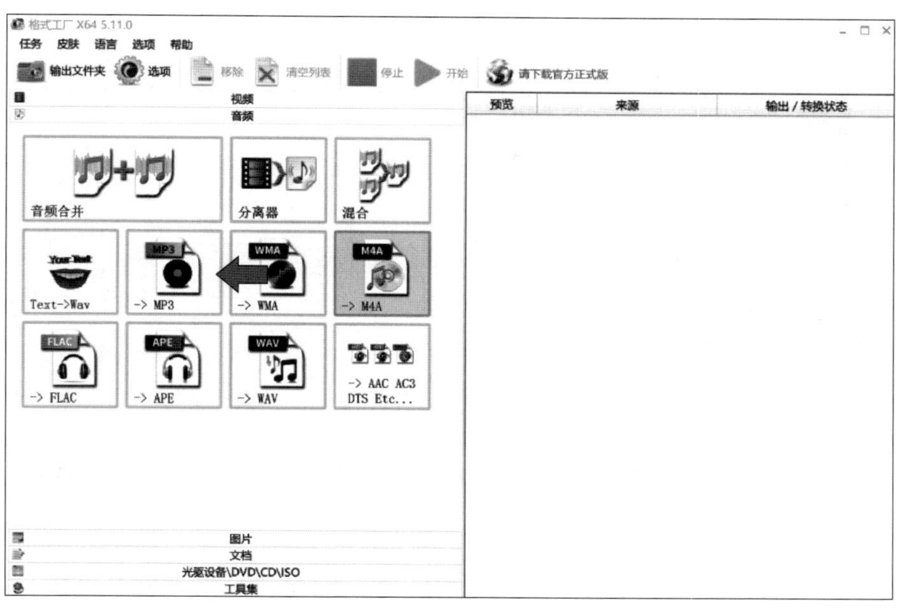

图 3-43　音频转换为 MP3 格式

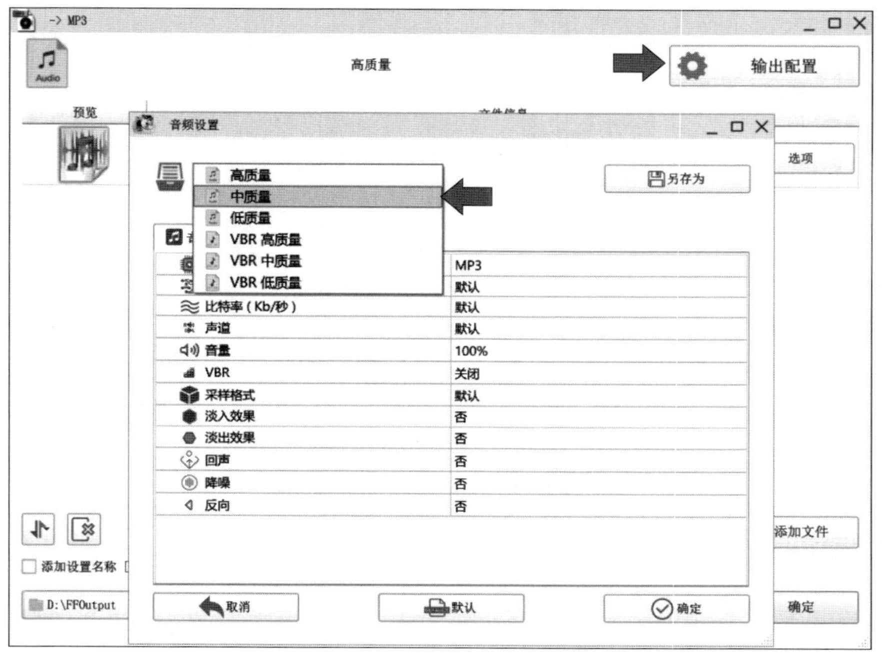

图 3-44　压缩音频文件

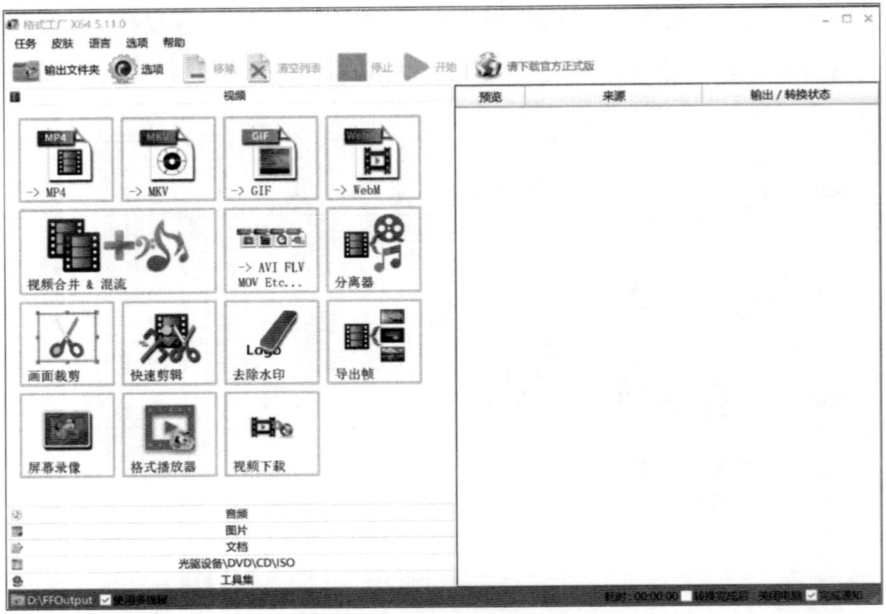

图 3-45　视频转换为 MP4 格式

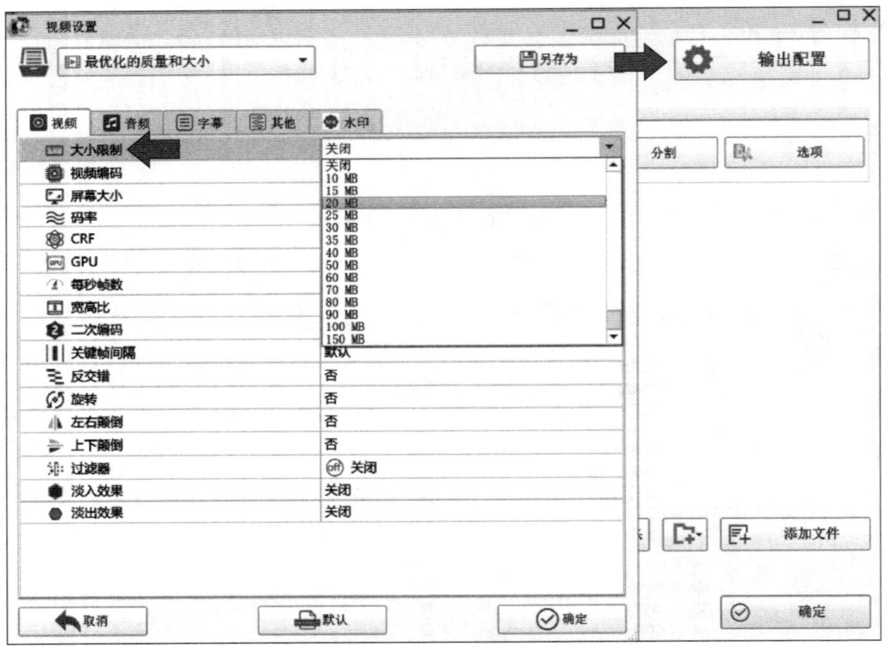

图 3-46　压缩视频文件

总结与情景拓展

总结

通过以上学习，我们对如何利用数字技术进行信息加工有了初步的认识，能够在不同的工作场景下对文字、图像、音频和视频等信息进行整合与重构。

应用场景拓展

在工作中，我们经常会处理文字、图像、音频和视频等信息，请你利用学习到的技术，根据自己的工作实际处理工作中的常见问题吧。

第3节　创建数字内容

学习目标

1. 能够根据收集的文字和图片等信息，使用电子海报制作软件，制作公司邀请函或海报。
2. 能够根据需要进行短视频的拍摄与剪辑，并完成发布。

学习导读

小张是宣传部工作人员，领导交给小张一项任务，为即将到来的公司年会制作一份年会邀请函，同时制作一个展示公司日常活动的短视频在年会上进行播放。如果你是小张，你将如何开展工作呢?

电子海报、短视频等数字内容，可以方便快捷地传递信息，以达到宣传的目的。

一、制作活动海报

微故事导入

为了更好地对公司进行宣传，公司决定邀请友好单位参加周年庆，领导让小张制作一份活动海报并发给友好单位。

1. 活动海报内容创作

数字媒体时代的活动海报一般是使用电子海报制作软件进行制作的。目前，比较主流的制作电子海报的软件是易企秀软件，图标如图 3–47 所示。易企秀软件

图 3–47　易企秀图标

是一个基于智能内容创意设计的数字化设计软件，可以设计电子海报、问卷表单、电子画册、互动抽奖等，分为网页版和手机 App 应用两个版本。以易企秀网页版为例，制作海报的过程如下。

（1）访问易企秀官方网站，注册用户并登录。选择“免费模板”，在下拉类型中选择“年会邀请函”，如图 3–48 所示。

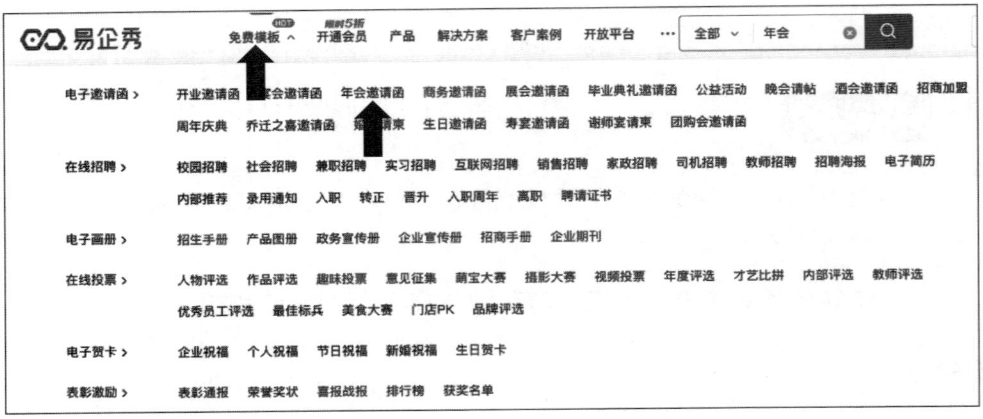

易企秀　免费模板 HOT　开通会员 限时5折　产品　解决方案　客户案例　开放平台　…　全部　年会

电子邀请函 >　开业邀请函　宴会邀请函　年会邀请函　商务邀请函　展会邀请函　毕业典礼邀请函　公益活动　晚会请帖　酒会邀请函　招商加盟　周年庆典　乔迁之喜邀请函　婚礼请柬　生日邀请函　寿宴邀请函　谢师宴请柬　团购会邀请函

在线招聘 >　校园招聘　社会招聘　兼职招聘　实习招聘　互联网招聘　销售招聘　家政招聘　司机招聘　教师招聘　招聘海报　电子简历　内部推荐　录用通知　入职　转正　晋升　入职周年　离职　聘请证书

电子画册 >　招生手册　产品图册　政务宣传册　企业宣传册　招商手册　企业期刊

在线投票 >　人物评选　作品评选　趣味投票　意见征集　萌宝大赛　摄影大赛　视频投票　年度评选　才艺比拼　内部评选　教师评选　优秀员工评选　最佳标兵　美食大赛　门店PK　品牌评选

电子贺卡 >　企业祝福　个人祝福　节日祝福　新婚祝福　生日贺卡

表彰激励 >　表彰通报　荣誉奖状　喜报战报　排行榜　获奖名单

图 3–48　易企秀免费模板

在“类型”中选择“海报”，即可查询出所有适合于年会的电子海报模板，如图 3–49 所示。

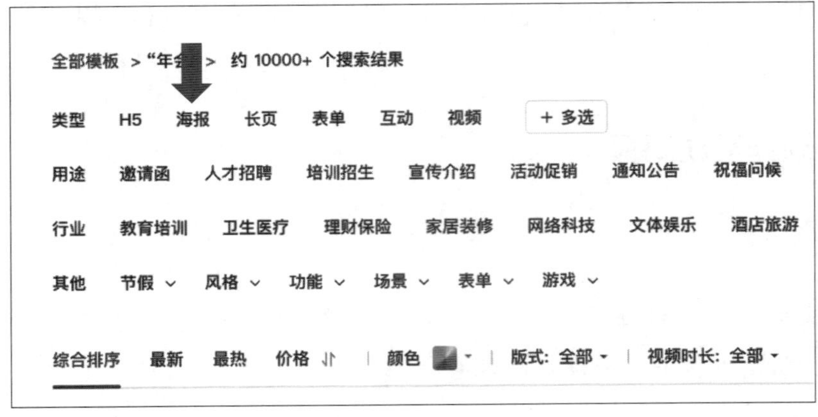

图 3–49　选择年会海报模板

（2）选择一种适用于邀请函的海报模板，此时进入海报的编辑页面，点击海报上的字体和图片可以进行编辑，如图 3–50 所示。

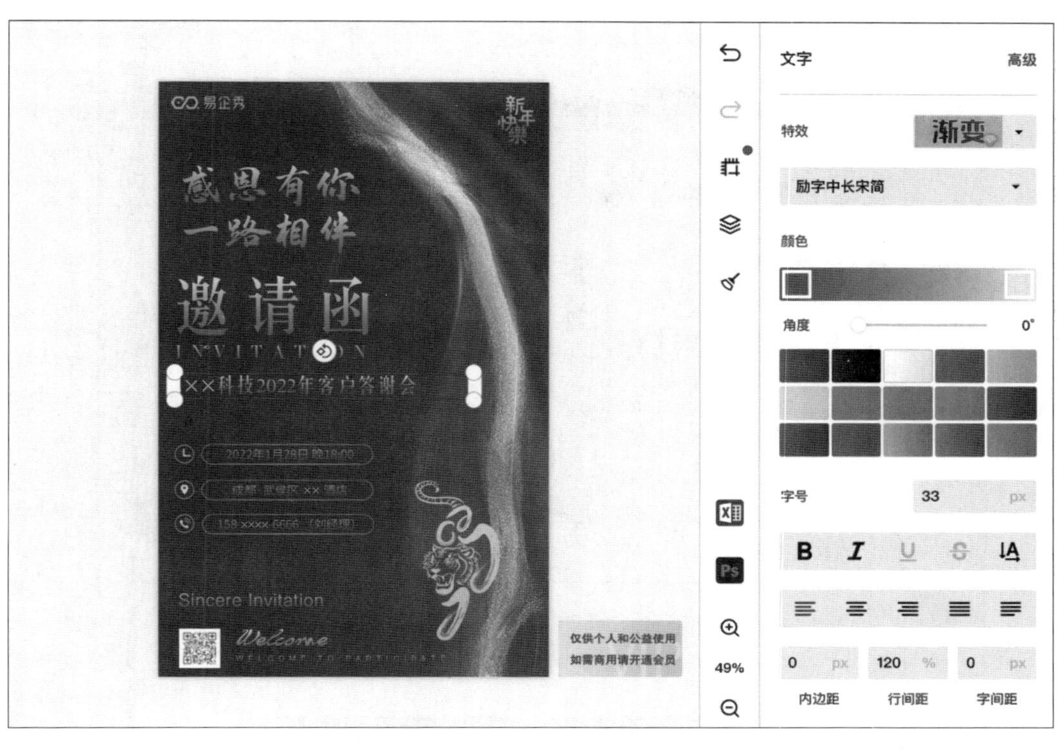

图 3–50　编辑海报

（3）版权风险。在编辑海报时，由于模板上应用的部分字体和图片具有版权，此时一定要注意版权风险，尊重别人的劳动成果和知识产权。如需使用模板上的字体或图片，可以点击“获取商业授权”，支付授权费或者加入会员，如图 3–51 所示。

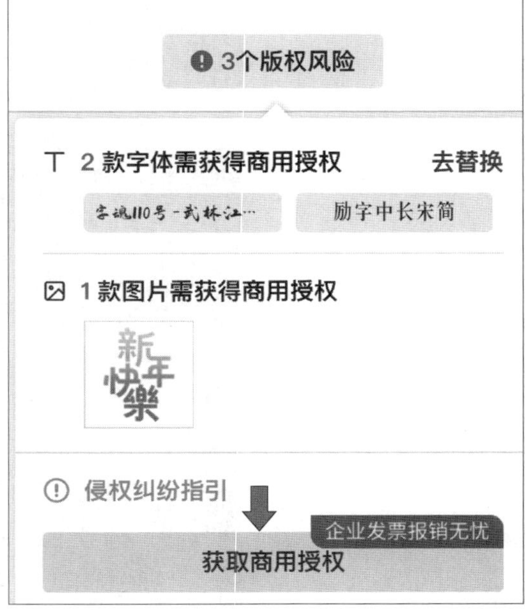

图 3–51　获取版权

也可以点击右侧字体“去替换”，在弹出的对话框中，将商用字体替换为免费字体，点击“一键替换”按钮即可，如图 3–52 所示。

完成字体和图片设置后，年会邀请函海报效果如图 3–53 所示。

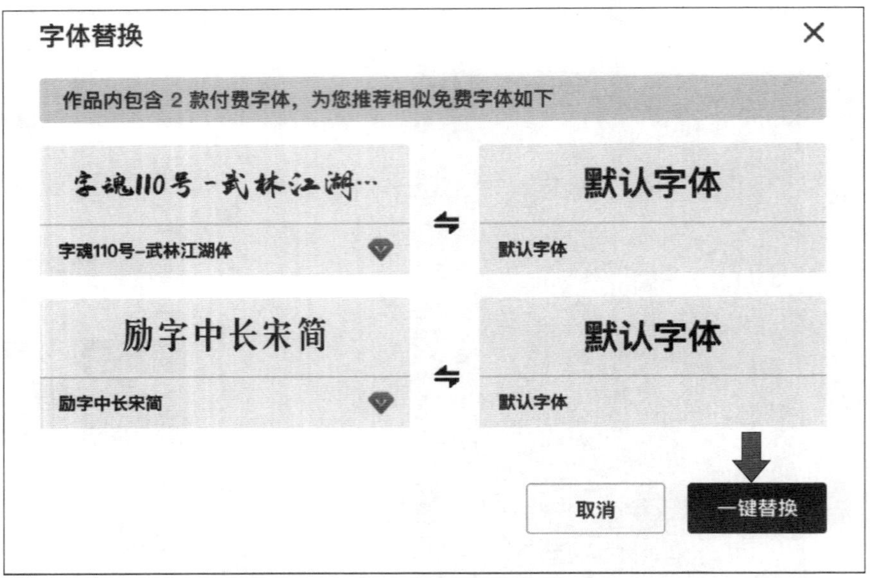

图 3-52　替换免费字体

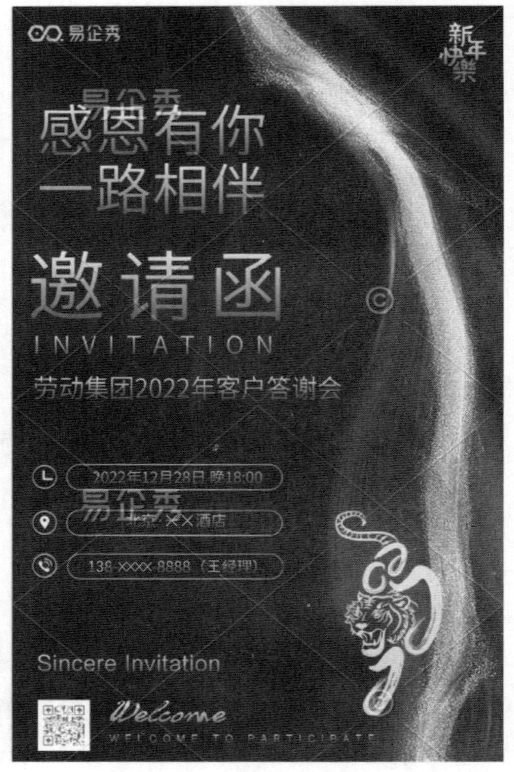

图 3-53　年会海报效果图

2. 活动海报发布

年会邀请函海报制作完成后，除了保存待以后随时修改外，还可以分享链接地址或下载成各种文件形式。

（1）分享链接。点击页面右侧的“分享”按钮，此时年会海报会自动生成一个链接地址，点击“复制链接”按钮，地址被保存在剪贴板中。可以将此地址发送给微信好友、QQ 好友，或者将链接地址分享到社交群，如图 3–54 所示。

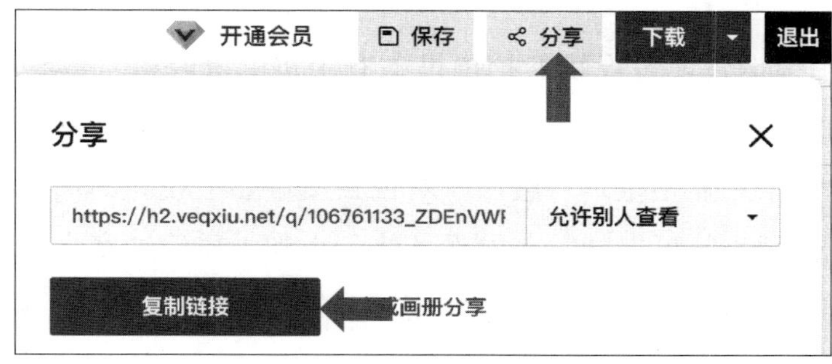

图 3–54　分享链接

（2）下载海报。点击“下载”按钮，可以将海报合成 GIF、合成视频、生成画册、导入公众号等，还可以点击“协作”，将作品分享给他人，以便于协同制作，如图 3–55 所示。

图 3–55　下载海报

二、制作短视频

微故事导入

领导交给小张一项任务，即采访各部门优秀员工，跟拍他们的工作情景，制作一个短视频，准备在年会上播放。

1. 短视频拍摄与剪辑

（1）拍摄短视频

1）选择拍摄设备。短视频的拍摄设备有手机、摄像机、数码相机、无人机（穿越机）等。普通手机适合记录生活，比较方便，也利于短视频编辑；摄像机和数码相机适用于专业拍摄，一般用于对视频质量要求较高的场合，数码相机的体积比摄像机体积小，可以同时兼顾设备体积小和画质清晰度高的要求；无人机（穿越机）适合拍摄中远景画面，可以实现更多的拍摄视角。

拍摄时，为了稳定镜头，有时候可以选用相机稳定器。相机稳定器又名云台，分为固定云台和电子云台两种。根据旋转方向不同，云台分为左右旋转的水平云台、左右旋转和水平旋转都可以的全方位云台两类。

2）撰写脚本。拍摄短视频之前，需要锁定目标用户群体，确定一个主题，并根据主题撰写拍摄脚本。

（2）剪辑短视频

视频拍摄后，还需要对视频进行剪辑，并添加片头、片尾，必要情况下还需要添加字幕等内容。剪辑短视频常用的软件有专业型视频编辑软件 Adobe Premiere 和初级视频编辑软件会声会影、剪映等。

以剪映软件计算机客户端为例，完成短视频剪辑的方法如下。

1）从官网下载剪映软件客户端，并进行安装。剪映软件图标如图 3–56 所示。

图 3–56　剪映图标

2）安装完成后，打开剪映软件。点击界面上方的“开始创作”按钮，进入剪辑页面。单击“导入”，添加需要剪辑的音频和视频，如图 3–57 所示。

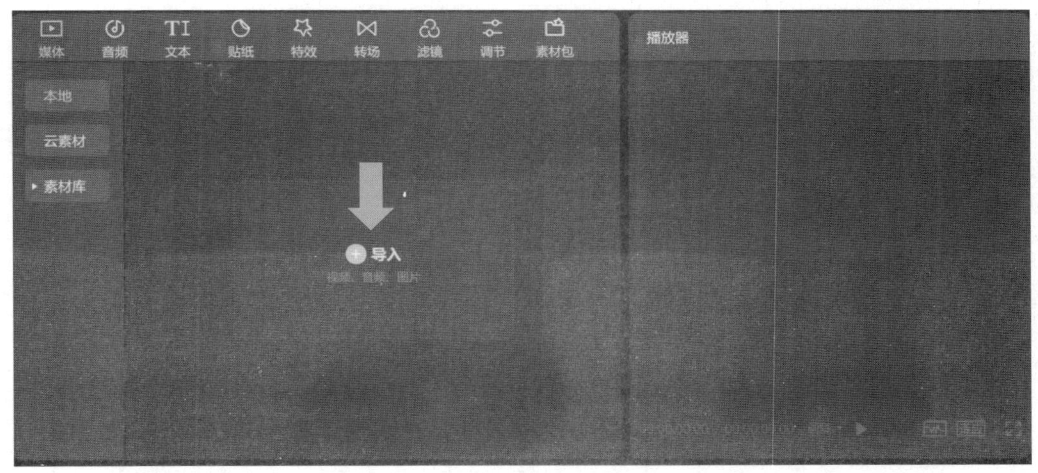

图 3–57　导入媒体文件

3）将素材拖拽到时间轴面板上，可以手动拖动素材以调整顺序。如需对视频文件进行剪辑，可以定位在剪辑点处，点击分割按钮][进行剪切，如图 3–58 所示。

图 3–58　剪切视频

4）添加背景音乐。将导入的音频文件拖动到时间轴面板的轨道上（音频与视频会自动放置在不同的轨道上），如果导入的背景音乐时间长度大于视频时间长度，可以利用分割按钮对音乐进行剪辑。点击导入的背景音乐，拖动时间线到需要剪辑的位置，再点击分割按钮，音乐被分割成两段，此时，选择不需要的音乐片段，点击键盘上的 Delete 键即可删除。如图 3–59 所示。

图 3–59　剪辑音乐

5）添加转场。转场是指不同场景的两个镜头之间的衔接方法，添加转场的目的是让镜头与镜头之间的衔接变得自然流畅。将时间线定位在两段视频之间，点击“转场”，选择一种转场效果并下载，点击“+”号，将转场效果添加到时间轴上，它会自动将转场效果添加到离时间轴最近的分割处，并形成一个灰色模块，如图 3–60 所示。

6）添加封面。点击时间轴左边的“封面”按钮，如图 3–61 所示，在弹出的窗口中点击“去编辑”按钮，如图 3–62 所示。可以选择模板快速设置封面，也可以直接添加文字进行编辑，最后点击“完成设置”按钮，完成封面制作，如图 3–63 所示。

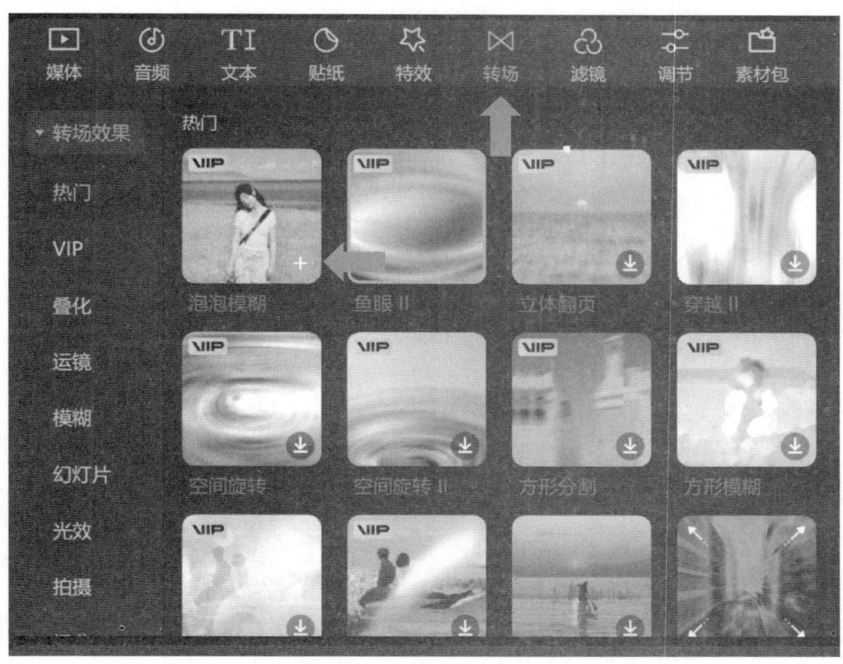

图 3-60　转场效果设置

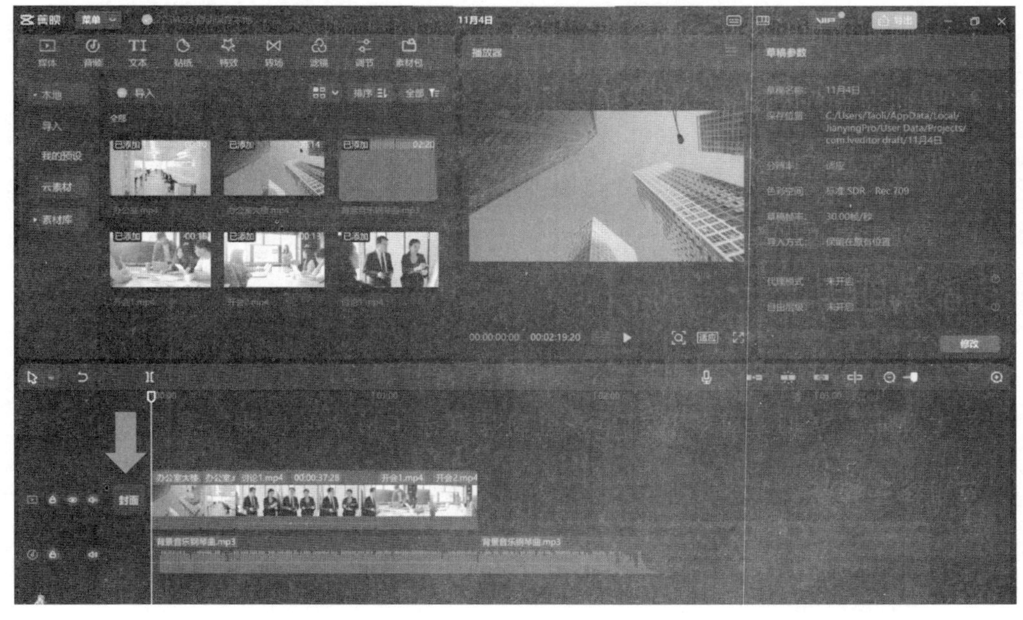

图 3-61　添加封面

图 3-62　设置封面

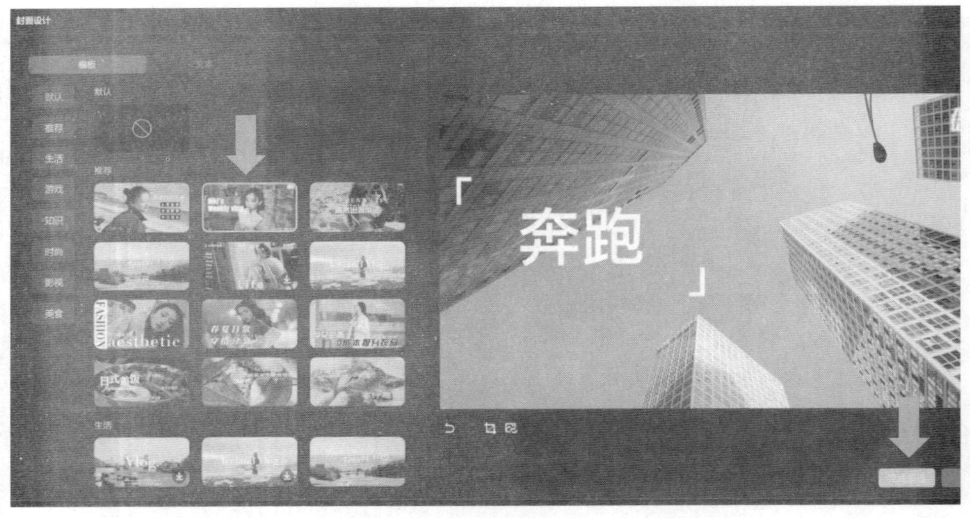

图 3-63　完成封面制作

2. 短视频发布

短视频编辑完成后，点击界面右上角的“导出”按钮，在弹出的对话框中为作品命名和设置导出位置。分辨率可根据需要设置为“480P”“720P”“1080P”

"2K"和"4K"；码率设置为"推荐"；编码设置为"H.264"；格式设置为"MP4"格式；帧率设置为"30 fps"。设置完毕后，点击"导出"按钮，如图 3-64 所示。

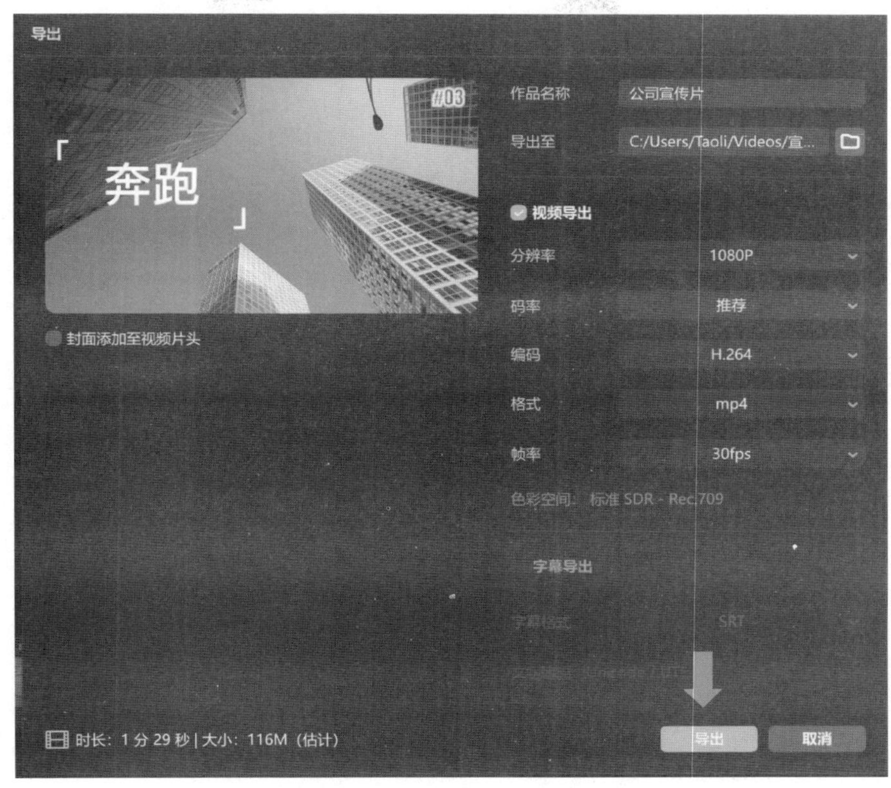

图 3-64　设置并导出短视频

导出完成后，可以将视频发布到社交媒体上，如图 3-65 所示。

图 3-65　发布视频

总结与情景拓展

总结

我们学习了数字内容创建过程，能够利用相关软件创建图像、音频和视频内容。

应用场景拓展

在工作中，我们有时会接到为公司制作数字化内容的任务，请你利用学习到的技术，也试着为你的公司制作宣传海报和宣传视频吧！

即学即用

1. 请列举常见的语音转写文字软件。

2. 请列举常见的文字编辑处理软件。

3. 请列举常见的图片文件格式。

4. 音频和视频的格式多种多样，请列举常见的音频格式和视频格式。

数字信息应用能力

学习目标

1. 能在个人及公众平台上分享信息。
2. 能正确使用日常生活中常见的应用软件。
3. 能正确使用常用的协同、会议和共享等功能软件工作，提升办公效率。
4. 能正确使用移动支付、政务系统等软件参与社会服务和公共事务。

学习导读

小林是公司宣传部门的员工，他的日常生活和宣传事务都需要良好的数字信息应用能力。生活中，小林常常使用出行软件和订餐软件来使自己拥有更加快捷方便的生活。工作中，他经常需要做好数字技术的互动及分享活动、和各部门同事进行数字技术的协同、在政务系统等社会事务程序中进行活动的报备等工作。公司目前需要完成一项团队建设拓展活动的申报和组织，小林和同事们需要完成项目的报备和申请、采购活动所需物资、安排交通和食宿并组织整个活动。活动前需要与客户和其他同事进行联系，发布活动消息，活动中需要处理突发情况和记录活动过程，活动后需要进行活动的宣传报道。如果你是小林，你将如何开展这项工作呢？

数字技术是伴随社会发展和科技进步而生的普及技术。在数字技术的应用中，与他人进行协同工作时，用户需要遵守互联网行为规范等各种规定。

数字信息应用能力是通过数字设备和相关软件，完成对文字、图像、声音和视频等有效信息的协同、分享和结构化处理等操作，形成系统化的信息或信息系统，用以解决实际问题的能力。

本章以信息在日常生活、高效工作和社会服务三个典型应用场景为例，学习数字信息应用能力。

第1节　数字技术便捷日常生活

学习目标

1. 能在个人平台上发布图片、视频等素材并管理用户留言。
2. 能在公众平台上发布图片、视频等素材并管理用户留言。
3. 能正确使用出行、订餐等日常生活中常见的应用软件。

学习导读

公司最近搞了一次团队建设活动，在活动中，办公室的小张和小林负责这次活动的后勤保障和宣传工作。小张负责团队的交通安排、食宿、团建活动组织工作，小林负责搜集同事拍摄的团建活动照片和视频，先将视频和图像进行编辑处理，再由部门主管领导审核后发布。如果你是小张和小林，你将如何分别开展工作呢?

数字技术已经深入人们生活的各个方面，人们通过分享、交流和合作，享受着数字技术带来的便捷生活。

在个人平台、公众平台进行互动和分享，是常用的数字技术分享场景。分享时对于推文的编排、图片的处理、视频的剪辑都是需要认真编辑和严格审核的。现在比较流行的发布平台包含微信、微信公众号、微博等，这些平台是公众能够访问并发布评论的平台，发出去的内容更需要严谨、真实和能引导主流思想。

一、个人平台互动及分享

微故事导入

小林拍了很多团建时的照片和视频，她想在朋友圈中把这些照片和视频与同事们分享，同时又不想让其他广告卖家或微商看见。于是，她决定让发出去的照片和视频分组可见。

朋友圈一般指的是微信上的一个社交功能，用户可以通过朋友圈发表文字、图片和视频，也可将其他软件上的文章、音乐、视频等分享到朋友圈。用户可以对好友新发的动态进行“评论”或“赞”，其他用户只能看相同好友的评论或赞。

1. 发布朋友圈

（1）打开手机版微信，选择底部导航栏“发现”，选择“朋友圈”。在弹出的页面中单击右上角的照相机图标，选择“从手机相册选择”，可以直接发送手机中处理和保存好的图片和视频。目前，微信朋友圈限制发送的图片在9张以内，操作步骤如图4-1所示。

图4-1 微信发布朋友圈操作步骤

拓展阅读

手机内的视频和照片不能同时在朋友圈里发送，如果需要在一个界面上呈现照片和视频，需要用到第三方软件来处理，如美图秀秀、剪映等视频和照片处理软件。

（2）选择好需要发送的照片后，即可编辑文字，如果还需要再添加照片，可以点击照片区域的“+”号添加照片。在照片和文字编辑完毕后，可以在“谁可以看”中，选择“公开”“私密”“部分可见”“不给谁看”中的一个，其中，“公开”是对所有有权限查看朋友圈的用户开放；“私密”是只有自己可见；“部分可见”和“不给谁看”都是利用分组标签后给用户分配查看权限，如图 4–2 所示。

2. 转发和上传视频

（1）手机中的视频，可以像发送照片一样，直接在朋友圈中发出来，如果发布超过 15 秒的视频，可以在视频号里进行编辑和发送，如图 4–3 所示。

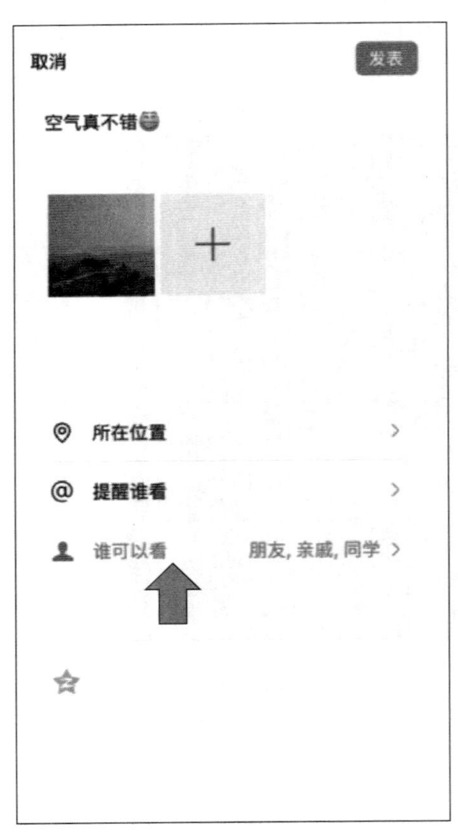

图 4–2　分组权限

图 4–3　微信朋友圈发布视频

（2）将微信收藏中的视频发到朋友圈，只需在视频播放的状态下，长按视频不松手，界面会出现保存的选项，选择“保存至手机相册”，这样，收藏的视频就保存在自己的手机相册里了。发朋友圈时，选择“从手机相册选择”即可。

（3）将朋友圈中其他朋友的视频发到自己朋友圈，需要先将视频保存到手机相册中，即观看视频时长按屏幕，界面会出现保存视频的选项，保存到手机相册中再发送朋友圈即可。

3. 留言管理和回复

（1）在朋友圈中，每一条朋友动态的右下角都有两个点，点开以后会有两个选项，一个“♡赞”，另一个“▭评论”。可以使用这两个选项在朋友的动态里点赞和评论，同时，也可以给自己的动态点赞和评论，如图 4–4 所示。

（2）用户可以对好友新发的动态进行“评论”或点“赞”，其他用户只能看共同好友的评论和赞。如果不想让其他用户看到你的动态，可以单独对用户进行“仅聊天”的设置，也可以在发送动态时对用户设置“不可见”。

（3）回复留言时，可以对每条留言做单独回复，具体做法是，点击要回复的留言，在文本输入框中输入回复的内容，点击“发送”即可。除单独回复外，还可以对所有的留言做统一回复，具体做法是，不选取任何留言，在动态右下角直接选择“评论”，在文本输入框中输入回复的内容，点击“发送”即可，如图 4–5 所示。

图 4–4　朋友圈点赞和评论功能位置

图 4–5　朋友圈回复评论

二、公众平台互动及分享

微故事导入

小林公司的微信公众号、企业微信账号、新浪微博账号需要对公司进行的团建活动做一次推文，以宣传公司的文化和活动。

微信公众号是在微信公众平台上申请的应用账号，该账号与 QQ 账号互通，实现和特定群体进行文字、图片、语音、视频的全方位沟通、互动，形成了一种主流的线上线下微信互动模式。2018 年 11 月 16 日，微信公众平台发布公告称，个人注册公众号数量上限调整为 1 个。账号类型包含服务号、订阅号、小程序与企业微信。微信公众平台登录页面如图 4–6 所示。

图 4–6 微信公众平台登录页面

微博是指一种基于用户关系信息分享、传播以及获取通过关注机制分享简短实时信息的广播式的社交媒体、网络平台。微博允许用户通过 Web、Wap、Mail、App、IM、SMS 以及电脑、手机等多种终端接入，以文字、图片、视频等多媒体形式实现信息的即时分享、传播互动。微博电脑端登录页面如图 4–7 所示。

图 4–7　微博电脑端登录页面

1. 公众号资料更新

（1）登录微信公众号（以个人微信公众号为例）。

（2）进入公众号页面后，选择“图文消息”或者“视频消息”，如图 4–8 所示，就可以编辑推文。

图 4–8　发送公众号推文界面

（3）点击“图文消息”进入编辑界面后，可以对要发送的内容进行编辑。如图 4–9 所示，在编辑框中编辑要发送的内容。同时，还可以在编辑时插入图片、视频、音频、超链接、小程序、模板、投票、搜索、地理位置、视频号、公众号等，以丰富推文内容。

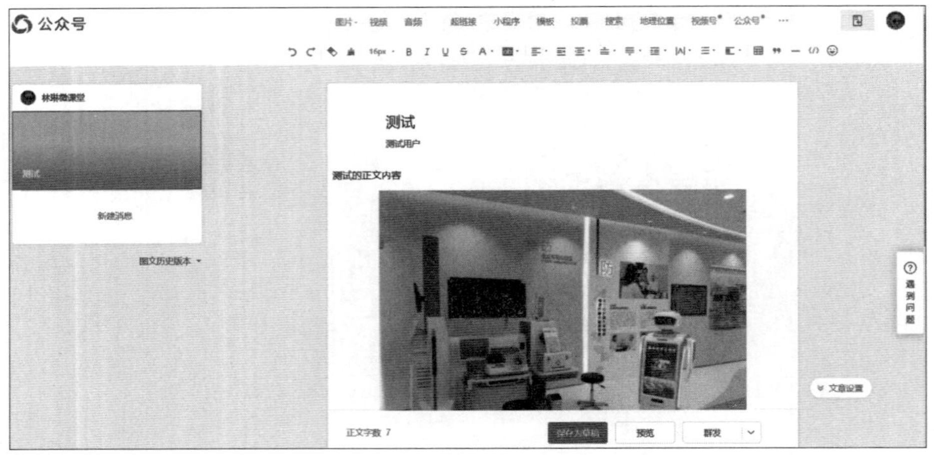

图 4–9　编辑公众号推文界面

（4）编辑完成后，可点击右下角的“预览”，预览完成后，回到界面，选择“群发”或者“发布”，就可以发布推文了。

2. 公众号文章留言管理和展示

（1）点击左侧“留言”按钮，到达留言面板，可以查看用户观看公众号推文后发表的留言，如图 4–10 所示。

图 4–10　查看公众号文章留言

（2）在“留言”面板中，可以选择将积极正面的留言进行“精选”和“置顶”，精选后所有观看推文的用户都可以看到此留言。此外，可以将不当言论进行“删除”或“加入黑名单”的操作。如图 4–11 所示。

3. 公司微博更新

（1）登录微博。

（2）在上部的编辑区编辑内容，在文本框里填入需要发送的文字，还可使用编辑区下面的一排功能，包含“表情”“图片”“视频”“提到某人”“话题分类”“地点”“超话”“头条文章”等，如图 4–12 所示。编辑完成后点击发送即可。

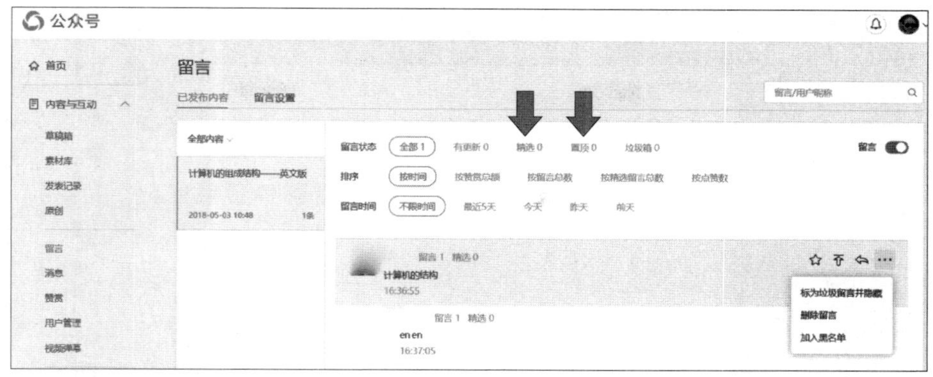

图 4-11　公众号文章留言管理

图 4-12　微博推文的编辑

4. 微博私信设置和处理

（1）从微博的首页点击“消息”图标，打开“私信”面板，查看收到的私信，如图 4-13 所示。

图 4-13　查看微博私信

（2）进入“私信”后，可以通过左侧的消息列表查看其他用户发来的消息，可以在消息框中给予回复。此外，也可以点击页面右上角图标，选择至少两位联系人，发起私信群体聊天。如图 4-14 所示。

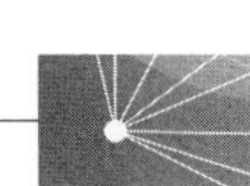

图 4–14　创建微博私信群聊

三、日常生活常用数字技术

微故事导入

小林每天上下班都乘坐公共交通工具，偶尔紧急情况下还会乘坐网约车或出租车，手机上的出行软件都是小林的好帮手。同时，为了节约出午休时间，小林和同事们在午餐时多数选择外卖送餐，手机上的送餐软件也大派用场。

1. 出行软件的使用

出行软件可以为人们日常出行提供很多便利，如可以在软件里查找并预约使用共享自行车、电动车，可以使用手机地图导航到目的地，可以在线预约网约车，可以在线订购火车票、机票、酒店、风景区门票等服务，还可以了解到当地的美食资讯。以“12306”App 为例，使用方法如下。

（1）“12306”软件需要登录后，才能购买交通票据。如果没有账号，需要先按照提示注册账号，并进行实名认证和身份核验，才能正常发起业务。正常登录以后，可以在“常用功能”中使用修改密码和修改手机号等服务。还可以设置适合老年人使用的爱心版。如图 4–15 所示。

（2）使用“12306”软件，可以实现长途车票、短途车票、火车票、飞机票等交通票据的购买，同时，还可以预订酒店和快捷打车。如图 4–16 所示。

图 4-15 “12306” App 首页

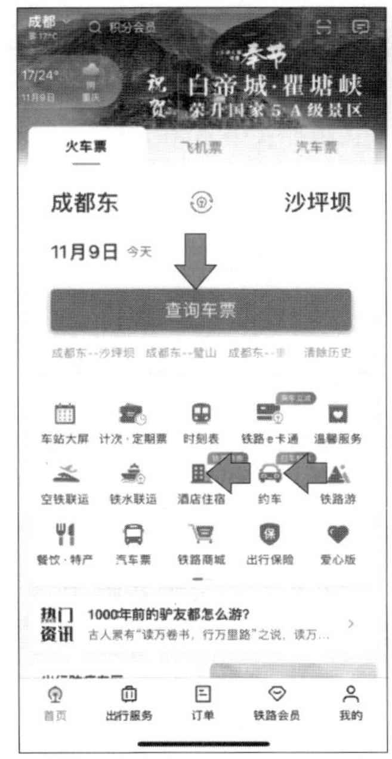

图 4-16 出行方式选择界面

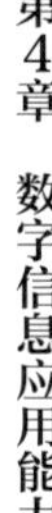

（3）购买火车票时，先确定日期，再查询车次和价格。选好车次后，系统跳转至选座页面，选择座位等级即可，如图 4–17 所示。

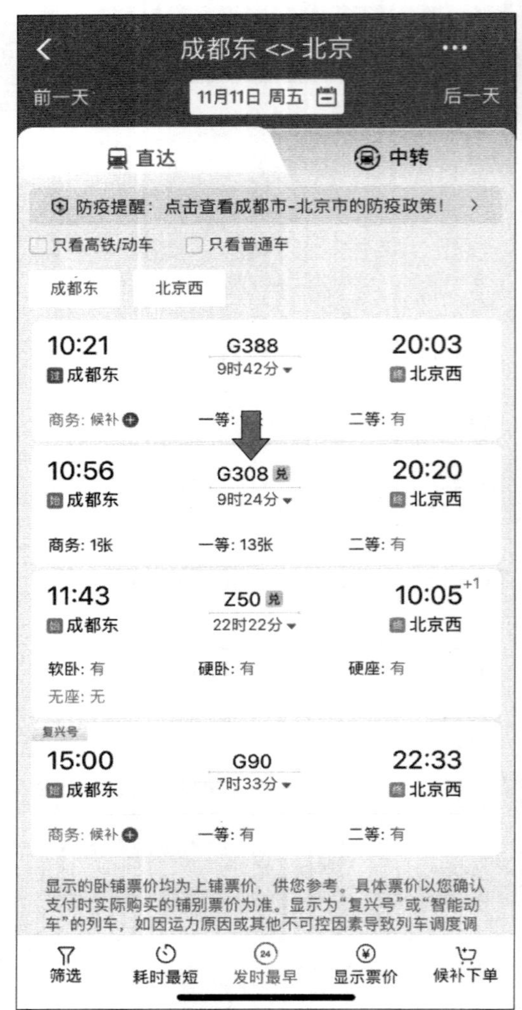

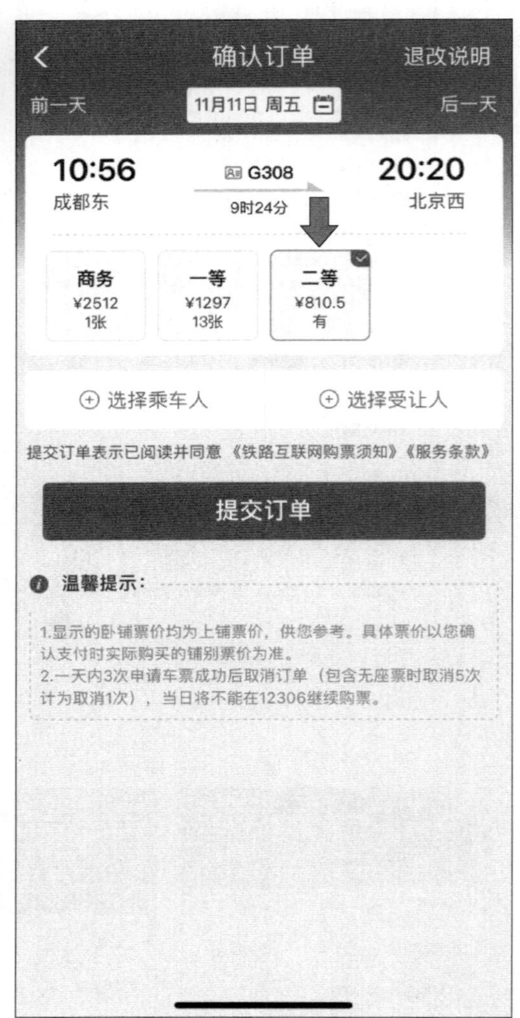

图 4–17　购买火车票流程

2. 订餐软件的使用

订餐软件的作用就是在需要用餐的时候查询支持送餐服务的店铺，挑选喜欢的食物，留下地址和联系方式，外卖骑手取餐后将餐食送至点餐人手中。常见的订餐软件有“饿了么”“美团外卖”，如图 4–18 所示。以“美团外卖”为例，使用方法如下。

（1）基本信息设置。登录“美团”后，在“我的”页面中设置个人基本信息，如常用的送餐地址、登录密码、绑定的手机号等，另外，也可以开启“长辈版”功能，关爱长者，如图 4–19 所示。

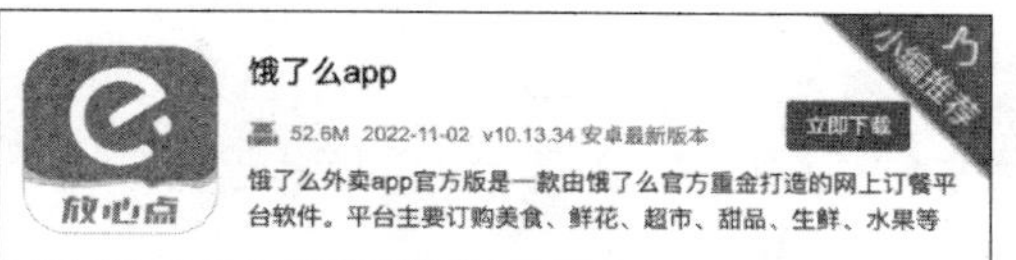

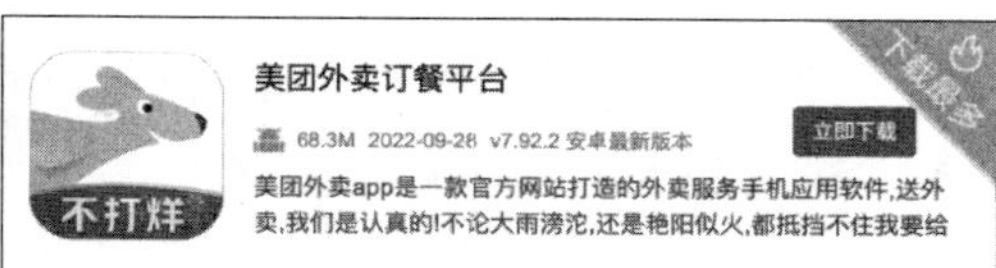

图 4–18　常见订餐软件

图 4–19　信息设置页面

（2）点餐。进入“外卖”页面，先选择需要的食物种类，如“蔬菜水果”，再从弹出的送餐商家页面选择喜欢的店铺，并在店铺页面选择喜欢的食物，选好送餐地址并付款后就可以等待送餐了，如图 4–20 所示。

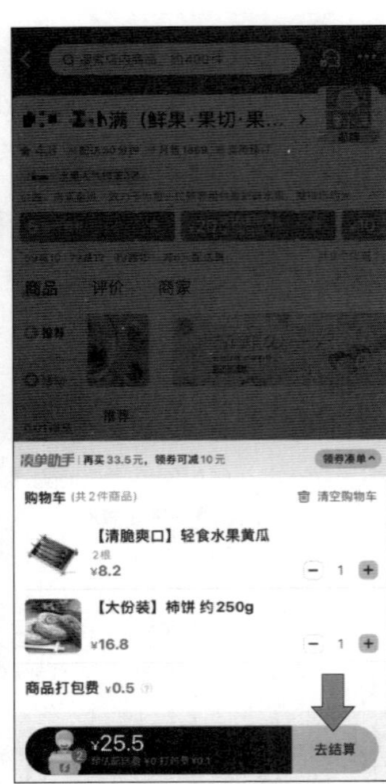

图 4–20　点餐流程

总结与情景拓展

总结

通过以上学习，我们对如何进行数字技术互动及分享有了初步的认识，能够在个人平台和公众平台进行互动及分享，利用出行软件提供出行便利，利用点餐软件丰富日常生活，实现了利用数字技术使日常生活更加便捷的目的。

应用场景拓展

小林经常使用数字互动技术和自己的朋友在社交平台上互动，与客户和重要往来人员用社交软件进行互动，大大提高了工作效率和工作可靠性。也利用出行软件和订餐软件丰富自己的生活。请你根据自己的工作实际，使用数字互动技术和你的同事、客户进行深度有效的互动交流，享受更美好的生活吧。

第2节　数字技术提升办公效率

学习目标

1. 能正确使用WPS等常用的协同办公软件，进行文档和表格的协同工作。
2. 能在公共云盘上传、下载和分类整理资料。
3. 能正确使用网络会议屏幕进行资料共享、互动及保存。
4. 能正确使用手机与电脑互联并进行手机投屏。

学习导读

小林和同事共同申报一个项目，在项目的申报过程中，需要对项目相关的文字、图片、数据资料等各项资料进行整合。其中，小张和小李负责提供公司的组织管理资料，小王负责提供财务数据，小杜负责提供公司公众号资料，小林负责上报最后的文档和表格。如果你是小林，你将如何开展这项工作呢?

数字技术在我们的工作中无处不在，我们常常通过协同、共享和在线会议等方式来提高办公效率，优化组织行为和组织知识。

协同办公，又称OA（Office Automation，办公自动化）。随着企业对协同办公要求的提高，协同办公的定义随之扩展，其被提升到了智能化办公的范畴。大多企业不仅需要解决日常办公、资产管理、业务管理、信息交流等常规协同的功能，还在即时沟通、数据共享、移动办公等方面提出了需求。

一、文档协同

微故事导入

小林要提交的申报书支撑材料需要很多素材，特别需要小杜负责的公司公众号的图片资料和小王负责的财务数据资料。小林要和同事们协作完成支撑材料撰写工作。

文档协同通过WPS等办公软件，使用“同步”“协作”“分享”等功能，由多人共同编辑文档，以达到资源共享共编的目的。

1. 文档“同步”

（1）打开 WPS 软件，选择菜单栏右侧的“协作”按钮，如图 4–21 所示。

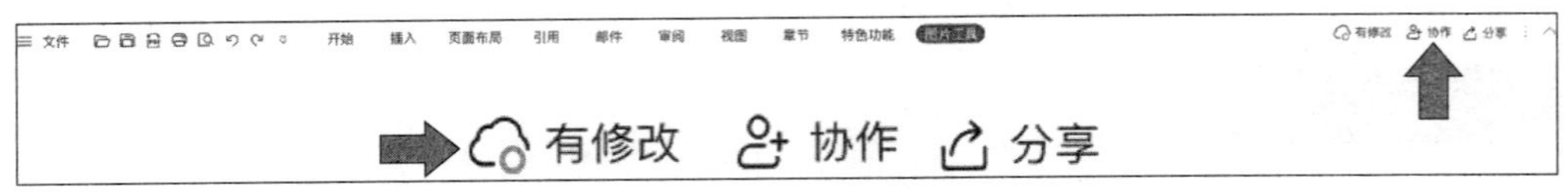

图 4–21 “协作”功能的使用

（2）开启同步功能时有三种状态，分别是有修改 有修改，同步中 同步中，同步完成 。同步的版本信息查看可以单击“同步”按钮进行查看，如图 4–22 所示。

（3）“同步”后，所有登录了同一个 WPS 账号的设备都可以查看和编辑文档、表格、流程图等。此外，还可以对同步权限进行设置，单击版本信息右下方的“同步设置”，可以编辑文档的云同步状态，还可以搜索经过同步的云文档，如图 4–23 所示。

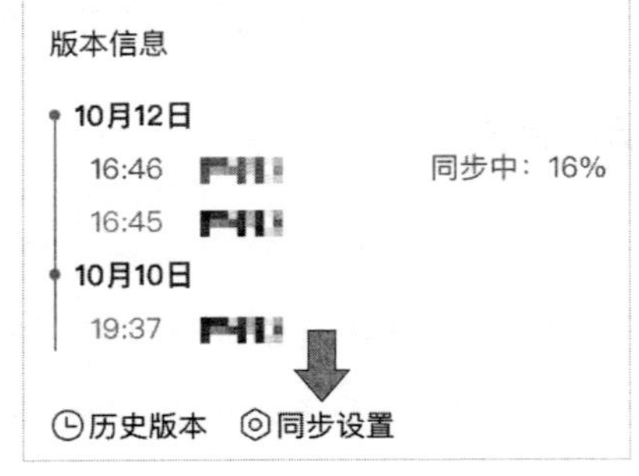

图 4–22 “同步”版本信息

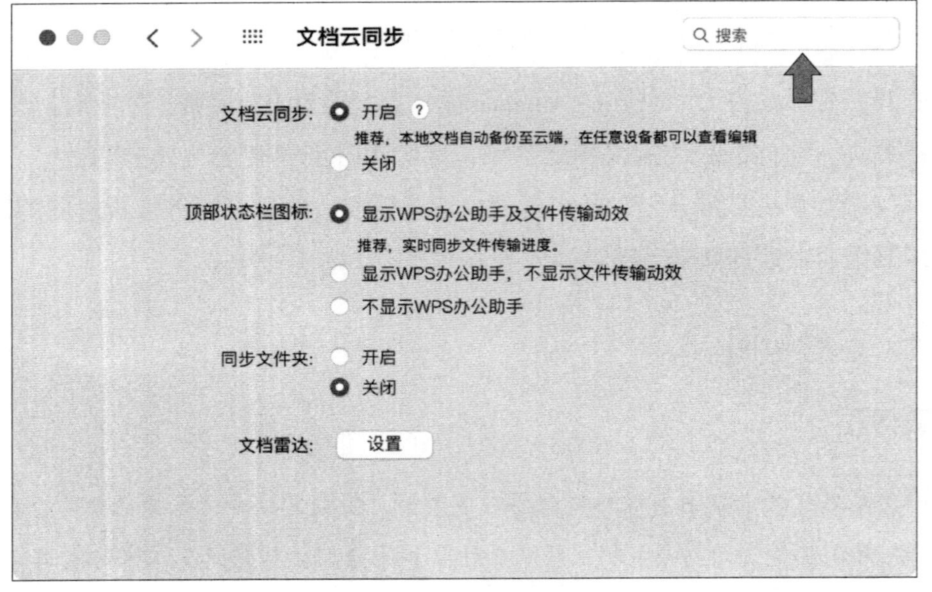

图 4–23 “同步”功能设置

2. 文档“协作”

（1）打开 WPS 软件，选择菜单栏右侧“协作”按钮，如图 4–24 所示。

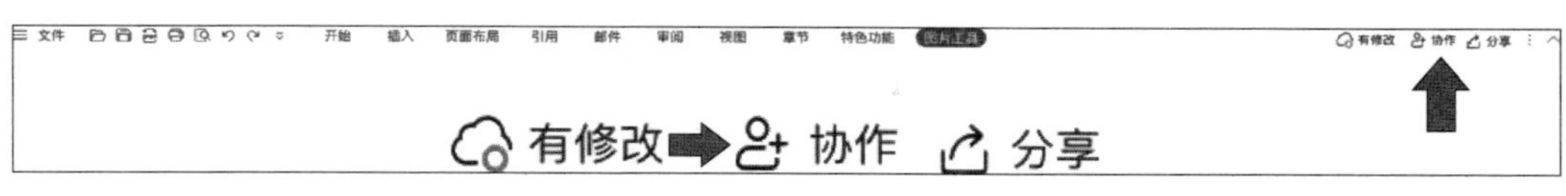

图 4–24 “协作”功能的使用

（2）启动“协作”时，软件会提示保存正在操作的文档，如图 4–25 所示，点击保存后，软件会跳转到协作模式。

图 4–25 进入“协作”模式

（3）在“协作”模式下，能够使用的编辑功能仅为基本功能，包含开始、插入、审阅、页面、效率，如图 4–26 所示。

图 4–26 “协作”模式时的菜单

（4）协作时，能够使用的其他功能有五种，分别为举报 举报 ，发现不符合国家相关法律法规的文档应予以举报。会议，可以通过会议与一起协作的同事进行语音和视频沟通，以便更好地进行文档的协作。查看改动情况，可以在改动情况中查找历史版本和各位协作者的操作记录。WPS 打开编辑 **WPS打开**，如果不满足于当前的编辑功能，可以用此功能回到完整的 WPS 软件中进行编辑。分享 分享 ，可以使用复制链接、二维码、社交软件等方式分享邀请协作者，同时，可以设置被邀请者关于文档的编辑权限，如图 4–27 所示。

图 4–27 “分享”和权限设置

3. 文档“分享”

（1）打开 WPS 软件，选择菜单栏右侧“分享”按钮，如图 4–28 所示。

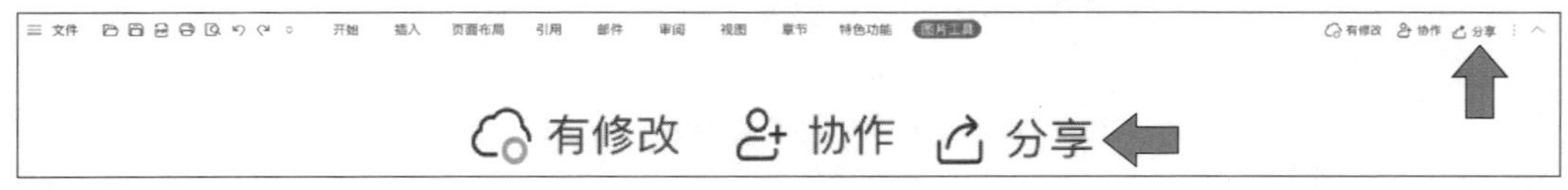

图 4–28 “分享”功能的使用

（2）分享时，可以使用“复制链接”“发至手机”“以文件发送”等方式，将文档分享给协作者，同时可以对文档的编辑权限进行设置，如图 4–29 所示。

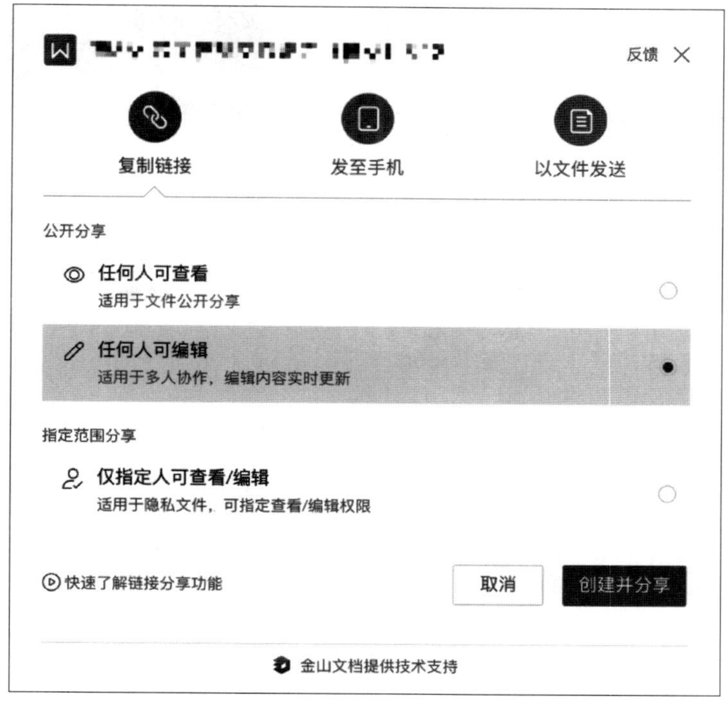

图 4-29 “分享”设置页面

二、资料协同

微故事导入

小林把提交的申报书做好了，所有的资料都搜集起来做成了支撑材料，他需要将这些资料分享给一起做申报书的同事们，由于资料过多，且有一定的保密要求，不方便直接用移动存储设备进行拷贝和传输。小林决定使用云盘，将资料分享给同事们。

云盘是一种专业的互联网存储工具，是互联网云技术的产物，它通过互联网为企业和个人提供信息储存、读取、下载等服务。云盘具有安全稳定、海量存储的特点。

1. 公共云盘上传和下载资料

（1）可以使用百度网盘手机端、网页端、客户端三种方式进行操作，如图 4-30 所示。登录百度网盘后，点击应用程序中的“我的”，即可查看账户信息。

（2）上传资料时，直接拖动资料至要上传的文件夹的空白处，或点击“上传”按钮，选择需要上传的资料，然后进行资料传输即可，如图 4-31 所示。

图 4-30　客户端和手机端界面

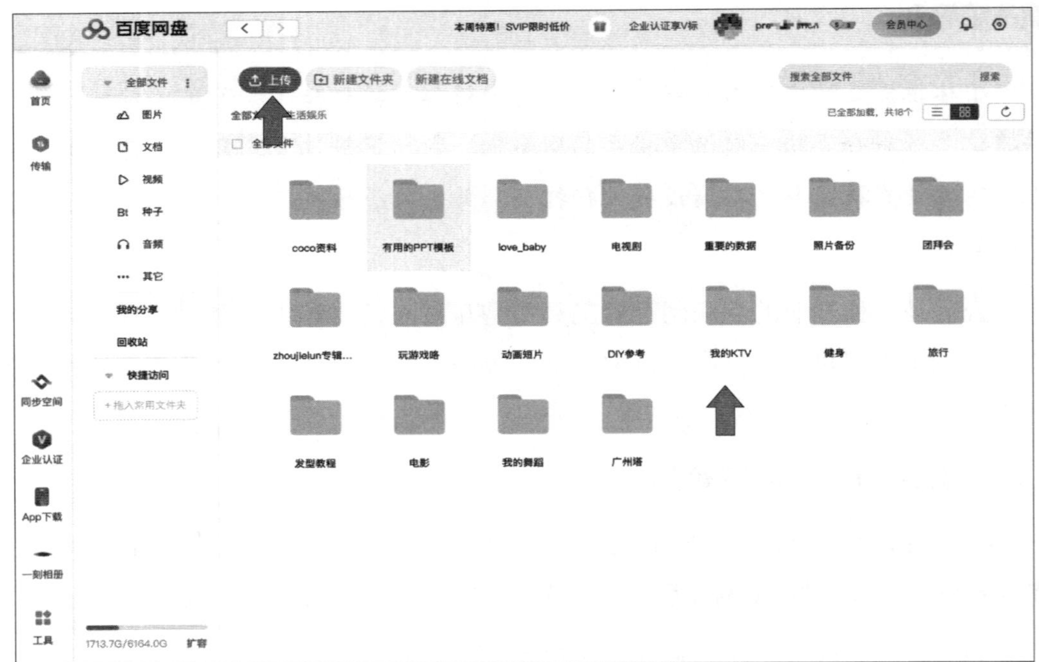

图 4-31　上传资料至百度网盘

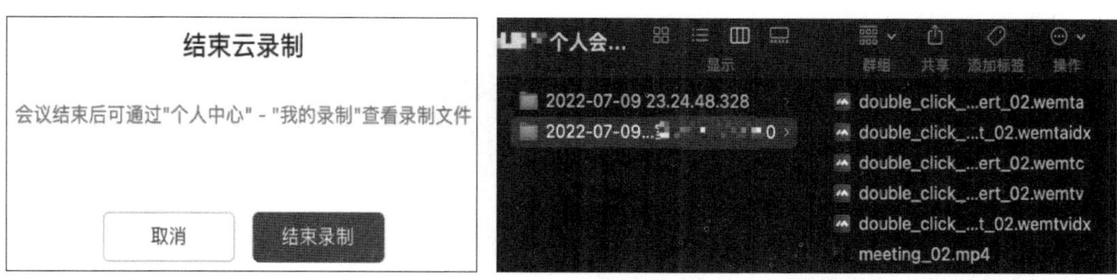

图 4-39 两种存储路径

拓展阅读

使用腾讯会议软件进行网络会议时，还可以按照不同的权限和人员进行分组会议，不同组别的会议可以在一个会议号中同时进行，只需要点击“分组讨论”按钮，将参会人员进行分组即可。

四、设备共享

微故事导入

小林完成申报书后，需要做申报的支撑材料，他的手机里有非常丰富的图片和视频素材，小林想通过手机投屏的方式，与同事们共同讨论选取素材。

互联网时代，手机以其高速传输数据的能力在人们的办公、娱乐等方面起着重要的作用。将手机与电脑、电视等设备互联，展示手机的实时数据是当前流行的设备共享方式。

1. 手机与电脑互连

手机与电脑的连接，可以分为数据线连接和无线连接两种方式。用数据线连接，需要设置手机的权限，以用户的需求为原则，选择“数据传输”功能或“开发者调试”功能。“数据传输”仅可以用于照片、视频、文档的传输；“开发者调试”则能够进行手机 App 开发的调试和运行。无线连接需要手机和电脑在同一个无线网络中，安装手机助手类的 App，实现手机和电脑互连。

2. 手机智能投屏

安卓系统手机、鸿蒙系统手机、IOS 系统手机都有各自的投屏接口。以鸿蒙系统手机为例，操作方法如下。

在设置菜单界面中，点击“更多连接”选项，进入后点击选择“华为分享”，进入华为分享界面，开启“华为分享”“允许获取华为帐号权限”“共享至电脑”，然后在弹出的“提示”对话框中，点击“开启”按钮，就可以使用鸿蒙系统手机的投屏功能了。操作步骤如图 4–40 所示。

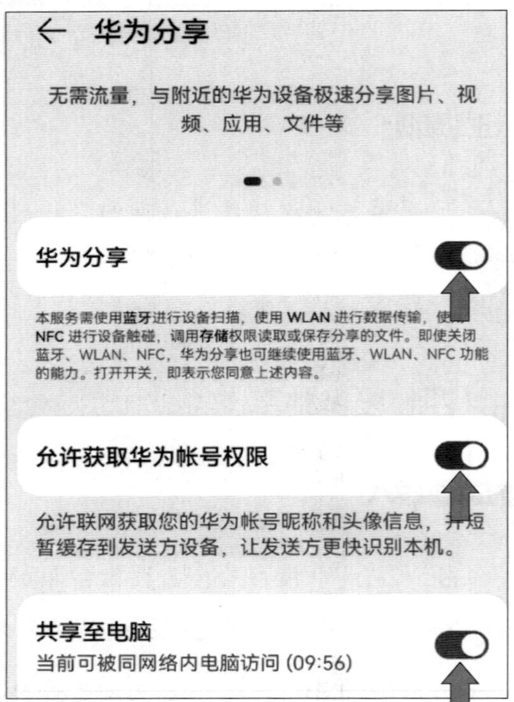

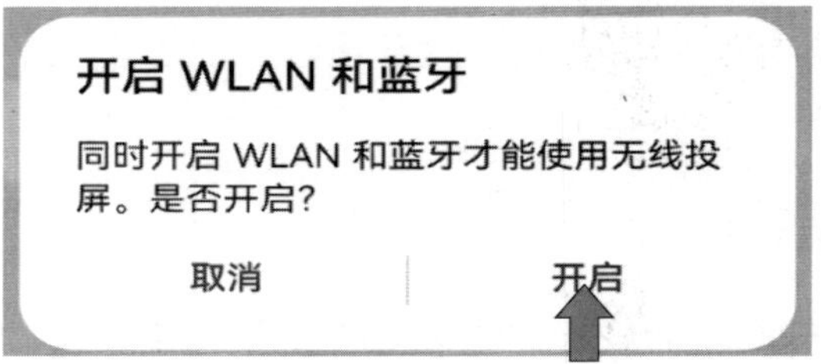

图 4–40 开启投屏功能步骤

还有一种投屏快捷方式，即在鸿蒙系统手机首页界面中，从顶部下滑快捷菜单，并点出全部的快捷菜单，可以看到“无线投屏”，点击后，就可以开启寻找可以投屏的设备进行匹配了，快捷方式投屏步骤如图 4–41 所示。

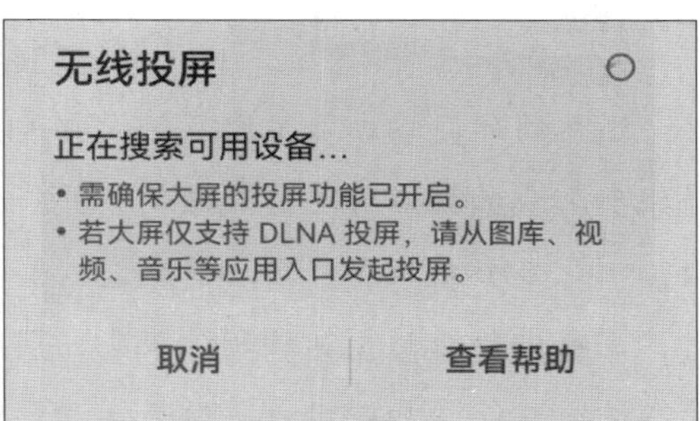

图 4-41　快捷方式开启无线投屏

总结与情景拓展

总结

通过以上学习，我们对如何利用数字技术进行共享协同工作有了初步认识，能够使用 WPS 等常用的协同办公软件进行文档和表格的协同工作，能够在公共云盘上传、下载和分类整理资料，能够使用网络会议屏幕进行资料的共享、互动和保存，能够使用手机与电脑互联并进行手机投屏，有利于协同工作，提高工作效率。

应用场景拓展

小林经常通过手机投屏、网络会议的方式与客户进行商业洽谈，通过协同工作与同事一起分工完成重大项目的申报，将各台信息技术设备上的资料上传至云盘进行汇总，以便随时查询和下载，以提高工作效率。请你根据自己的工作实际，使用数字协同共享技术提升工作品质和效率吧。

第 3 节　数字技术参与社会事务

学习目标

1. 能正确使用应用支付、金融软件进行日常消费和管理。

2. 能通过数字技术参与社会服务和公共事务。

学习导读

小林的部门举办员工团队建设拓展公益活动，活动内容是到指定的地点开展寻宝类游戏和撕名牌类游戏活动，并将活动所产生的运动数据记录捐赠到电商平台，以兑换公益能量。活动前期，需要在公司进行活动流程的备案和申请；活动时，需要进行活动预算和物资采买，同时，将此次公益团活动产生的运动数据和获取的公益能量加以记录，做好活动的过程性记录。如果你是小林，你将如何开展这项工作呢？

随着我国深入实施数字经济发展战略，不断完善数字基础设施，激活数据要素潜能，大力推进数字产业化和产业数字化，数字经济发展实现重大突破，数字消费已经融入到我们生活的方方面面。

当前，以数字化、网络化、智能化为特征的现代信息技术飞速发展，推动数字经济的蓬勃兴起和网络社会的崛起，给经济、社会和政治发展带来了深刻变革，显著改变着人们的生产和生活方式。建设数字政府是基于信息时代背景下对政府变革的回应，加强数字政府建设、完善数字政府治理体系已成为政府改革的主旋律之一。2022 年 6 月 23 日，国务院印发《关于加强数字政府建设的指导意见》，就主动顺应经济社会数字化转型趋势，充分释放数字化发展红利，全面开创数字政府建设新局面作出部署。

数字政府是指以新一代信息技术为支撑，重塑政务信息化管理架构、业务架构、技术架构，通过构建大数据驱动的政务新机制、新平台、新渠道，进一步优化调整政府内部的组织架构、运作程序和管理服务，全面提升政府在经济调节、市场监管、社会治理、公共服务、生态环境等领域的履职能力，形成“用数据对话、用数据决策、用数据服务、用数据创新”的现代化治理模式。

公民通过数字政府提供的服务，方便快捷在网上办事，参与社会服务和公共事务简单方便。

一、数字消费

微故事导入

小林通过财务软件制定了部门徒步活动的预算，按照预算进行物资的分类采买，一部分在实体店采买，使用手机支付，并开具了电子发票；另一部分通过电商渠道购买，使用电商平台指定的支付方式支付。

2012 年至 2021 年，我国互联网普及率从 42.1% 提升到 73%，所有地级市全面建成光网城市，行政村、脱贫村通宽带率达 100%；截至 2022 年 7 月底，我国 5G 移动电话用户达到 4.75 亿户，已建成全球规模最大的 5G 网络。得益于数字基础设施实现跨越发展，分享经济、网络零售、移动支付等新技术、新业态、新模式不断涌现，数字中国建设的丰硕成果覆盖社会生活的方方面面。如今，在城市社区，扫码点餐、刷脸支付给市民带来新体验，智慧停车、人脸识别进出小区、垃圾智能分类回收方便了日常生活。借助电商直播，广袤乡村使农产品走出去。依托数字化技术，传统农业加速向智慧农业转变，更多乡亲挑上了“金扁担”。从舌尖到指尖、从田间到车间、从衣食住行到娱乐消费，数字技术不断拓展着智慧便利生活的边界，展现出为经济赋能、为生活添彩的强大影响力、创造力。

常用的与数字消费相关的数字技术应用有用软件记账、购买物品、手机银行等。

1. 软件记账

（1）以“随手记”软件为例，登录“随手记”软件后，可以保存记账记录和导入本账号使用过的功能记录，如图 4–42 所示。

图 4–42 “随手记”软件登录界面

（2）选择账本模板，如“标准账本”模板，选择“标准账本”后跳转到账本下载界面，点击“打开”按钮，就可以下载模板了，下载完成后，可以在“我的账本”菜单中查看，如图 4–43 所示。

图 4–43 “随手记”软件记账模板选择界面

（3）打开“标准账本”，选择“预算”功能，在预算界面中，可以分类设置预算，按照需要增加或删除预算项目。在一个预算大类中，也可以使用多个二级类别来细分预算。预算项目结束后，可以在预算界面中查看各预算的明细和合计，如图 4–44 所示。

2. 购买物品

（1）网上购物。网上购物有很多平台可以选择，如“京东”“淘宝”等，购买物品的时候可以在搜索栏中搜索需要购买的物品，将其加入购物车或者直接购买。在购买的页面中，选择相应的收货地址，使用可用的优惠券和优惠方式，同时选择合适的付款方式付款即可，如图 4–45 所示。

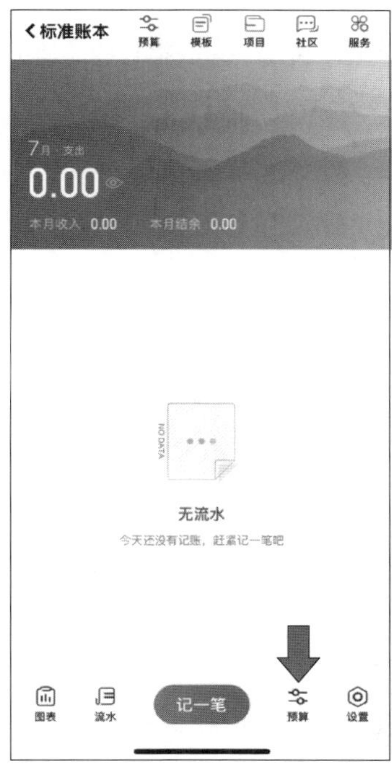

图 4-44　预算操作界面

填写订单
JD 京东自营
第二届全国技工院校教师职业能力大赛获...
¥30.60
配送
京东快递（送货上门）
7月13日［周三］09:00-21:00
可选无接触配送方式，配送更安心哦～
商品金额 ¥30.60
运费 ¥6.00
优惠券 -¥6.00
京豆（共4843个） 去选择
礼品卡（京东卡/E卡） 无可用
¥30.60
提交订单

图 4-45　网上购物流程

（2）实体店购物。实体店购物只需要挑选需要的商品并到收银台付款即可。支付时，可以使用手机支付的方式，打开付款码让商家扫描或扫描商家的收款码就可以支付商品款项了。例如，支付宝的操作方式是，进入首页后点击“扫一扫”扫描商家收款码或者点开“收付款”让商家扫描付款码；微信付款的方式为点开微信界面，点击下方导航栏“我”按钮，进入界面后，找到“服务”界面，点击收付款进行交易，如图 4–46 所示。

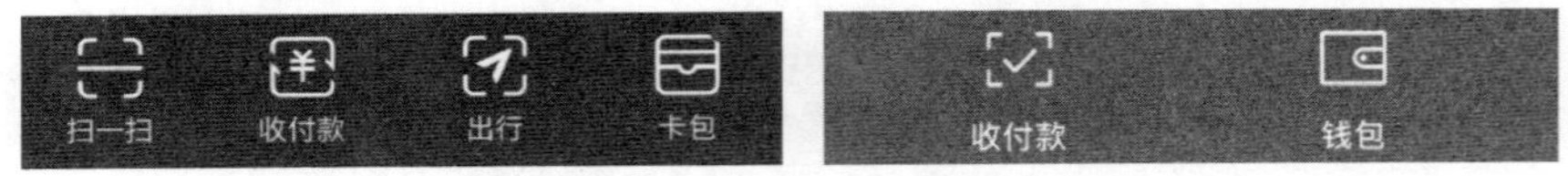

图 4–46　扫码支付及收付款界面

3. 手机银行

手机银行是指银行以智能手机为载体，使客户能够在此终端上使用银行服务实现客户与银行的对接，并为客户办理相关银行业务或提供金融服务。手机银行既是产品，又是渠道，属于电子银行的范畴。各大银行都有属于自己的手机银行 App，能够实现收付款、转账、理财、资产查询、账户查询、商品购买等功能。

二、社会服务

微故事导入

小林部门的每位同事在团队建设活动中都累积了上万的步数和 1 小时以上的运动数据。小林和部门同事一起，将所产生的步数通过公益活动平台进行了捐赠，获得了种下真实树苗的资格，为公益事业作出贡献。

借助数字技术，以线上化、远程化为代表的新型服务模式日益普遍应用。例如，在海南省，有 18 个市县医院、340 家乡镇卫生院和 2 700 家村卫生室部署了 5G 远程医疗设备，让患者的平均看病时间缩短 3~5 个小时，就医效率提升 30%。在福建省福州市鼓岭旅游度假区，5G 网络覆盖全景区，5G 可视化综合管理平台、民宿监管系统等“5G+ 智慧旅游”项目应用落地，助力旅游度假区客流量提升 13%。在江西省抚州市，一根网线连起城市和农村课堂，让村里娃也能享受城里的优质教育资源。今天的中国，建成了全球规模最大的线上教育平台和全国统一的医保信息平台，全国90%以上的县区覆盖远程医疗。数字技术为解决城乡、区域间优质社会服务资源配置不均衡问题提供了重要助力。

使用数字技术参与社会服务的方法有很多，如捐步数兑换绿色能量、网络公益等。

1. 电商平台捐步数兑换绿色能量

（1）常用的捐步数兑换绿色能量的平台有支付宝等。进入支付宝首页，找到“蚂蚁森林”和“运动”应用，如果首页没有，在应用界面的右下角“更多”处展开所有应用即可找到，如图4–47所示。

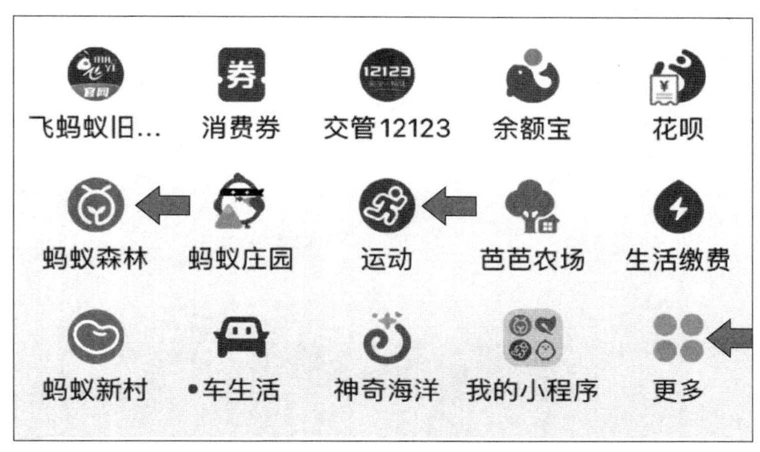

图4–47 支付宝应用程序界面

（2）在“蚂蚁森林”中，可通过行走的步数获得绿色能量，绿色能量可以通过在“公益林”浇水和“种树”中选择防风固沙、固碳产氧、水土保持、保护动物等环保方式实现公益，如图4–48所示。

（3）在“运动”中，有两种捐赠步数方式，以实现公益。一是用“走路线”的方式，将累积的步数消费在虚拟路线的行走中，获得运动币，点击“去捐助”即可选择要捐助的项目进行捐助，如图4–49所示。二是用“行走捐”的方式，选择“去捐步”，选择需要捐助的项目进行捐助。捐助完成后，可以通过“捐步记录”来查看捐助情况，如图4–50所示。

2. 网络公益事业

近年来，互联网作为普惠性的信息基础设施，不仅成为经济社会发展的重要

图 4-48　获得绿色能量和使用绿色能量的界面

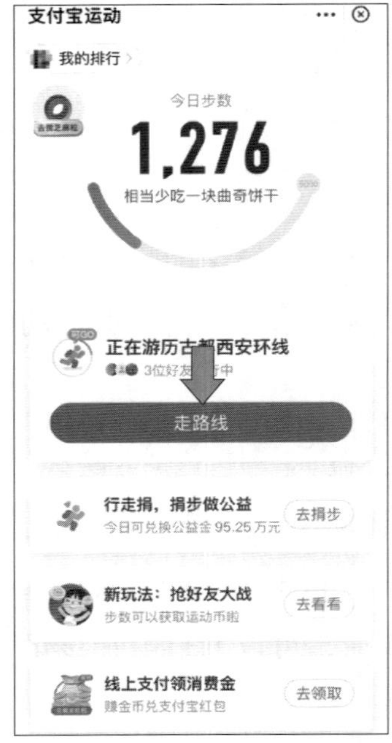

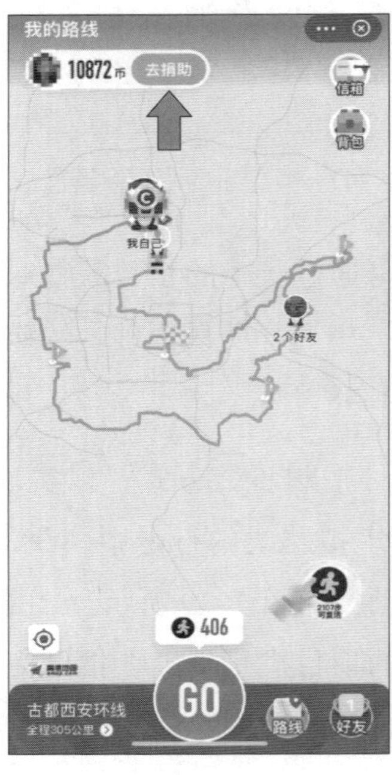

图 4-49　“走路线”捐助界面

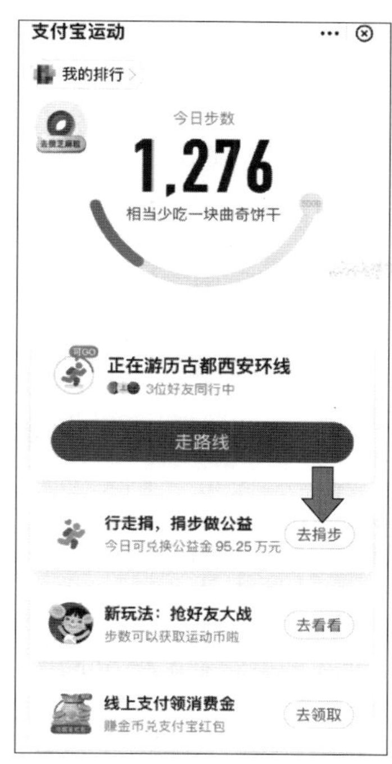

图 4-50 “捐步数”的捐助界面

引擎，也成为推动我国公益慈善事业发展的重要力量。随着新技术、新模式等不断发展，主管部门、公益慈善组织、互联网募捐平台等在互联网公益中进行着密切互动，共同促进公益事业健康持续发展。网络公益是中华优秀传统文化与现代科技相结合下的创新，培养了公益新理念、引领了公益新时尚。借助互联网平台技术的优势和移动支付的便捷性，网络公益慈善走向大众化、平民化，吸引了公众广泛参与。2021 年 11 月 15 日，民政部发布《关于指定第三批慈善组织互联网募捐信息平台》的公告，具有互联网募捐平台资质的机构总数经三批公示已达到 32 家。中国互联网公益力量正在不断壮大，全民公益正在线上平台逐步实现。让公益更有力，让科技更温暖，倡导数字技术红利向善，互联网公益的力量正在成为持续助推经济社会发展源源不断的动力。

三、政府服务

微故事导入

小林所在部门新进员工需要绑定医疗保险和进行身份认证，并办理购买住房公积金等业务，由公司的财务部门进行统一实施。新员工可以在国家政务服务平台上进行进度查询和业务咨询，将烦琐的程序简单化，做到“只进一扇门，最多跑一次”。

政务服务改进一小步，便民惠民迈出一大步。大数据只是从技术角度为政务服务便民惠民创造条件，根本保障还在人与制度。“让信息多跑路，让群众少跑腿”，已在越来越多的政务服务领域变为现实。政务服务改革，就是要牢牢树立以人民为中心的发展思想，便民惠民，让群众享受改革的成果，感受改革的喜悦。全国一体化在线政务服务平台由国家政务服务平台、国务院有关部门政务服务平台（业务办理系统）和各地区政务服务平台组成。国家政务服务平台是全国一体化在线政务服务平台的总枢纽，国务院有关部门和各地区政务服务平台是全国一体化在线政务服务平台的具体办事服务平台。

1. 常见业务办理

国家政务服务平台包含民生所涉及社保查询、医保查询、档案查询、证书查询，打开平台 https://gjzwfw.www.gov.cn/index.html 就可以进行业务查询，选择需要的业务直接办理或查询即可。操作界面如图 4-51 所示。

图 4-51　国家政务服务平台页面

2. 专题业务办理

衣食住行、老有所养、幼有所托……诸如此类民生问题，都可以通过政务服务平台一站式办理，如“老年人办事服务专区”中可以办理老年人相关业务，并且开办了特色的字体放大、读屏幕等适老化业务，办理的业务如图 4–52 所示。

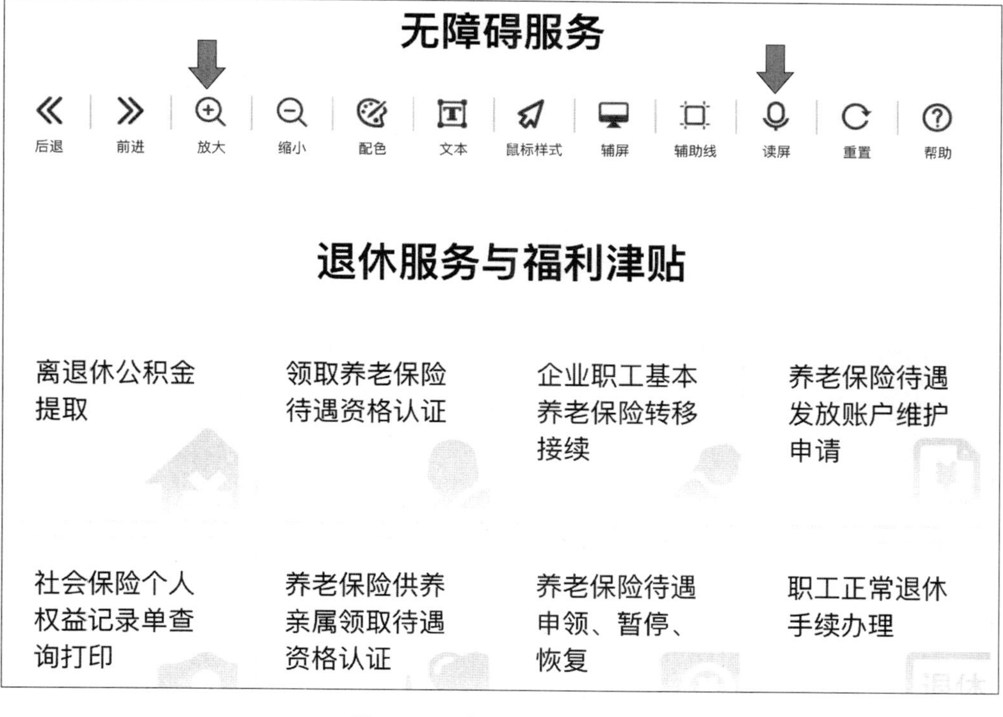

图 4–52　专题服务办理界面

除此之外，政务服务的地方专属服务也是常用平台，根据归属地，选择办理的当地业务，界面如图 4–53 所示。

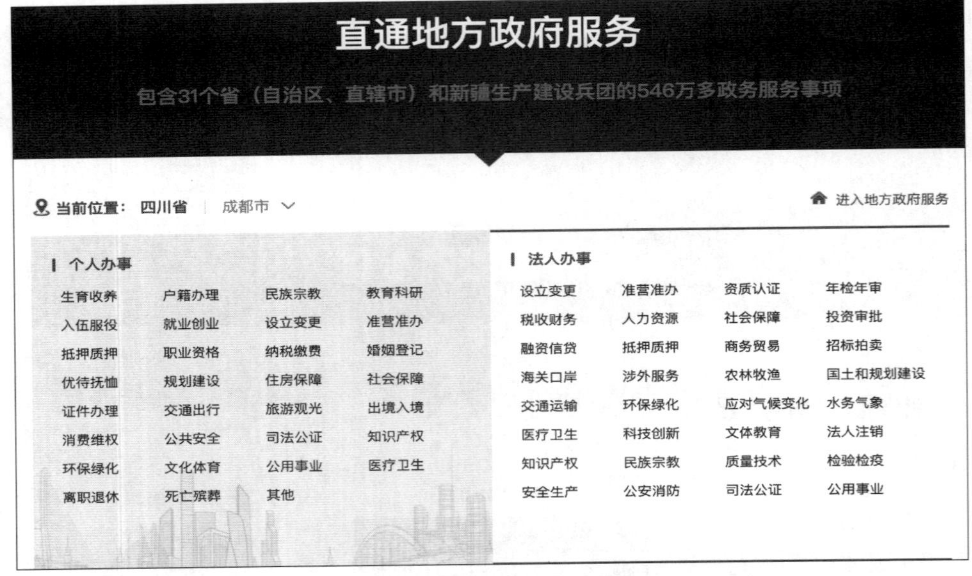

图 4-53　地方政府服务办理界面

3. 具体事务办理

以药品分类与代码查询为例，随着网络技术的发展，人们也习惯于在网络上查询自己身体状况的对应症状，根据症状自行购买药品。现在市面上的药品种类繁多、功能也不尽相同，需要对药品的详细情况进行查询，可以用到国家政务服务平台的热门服务“药品分类与代码查询”，在平台上找到此项热门服务，单击进入后，来到国家医保服务平台的药品信息查询界面，如图 4-54 所示。

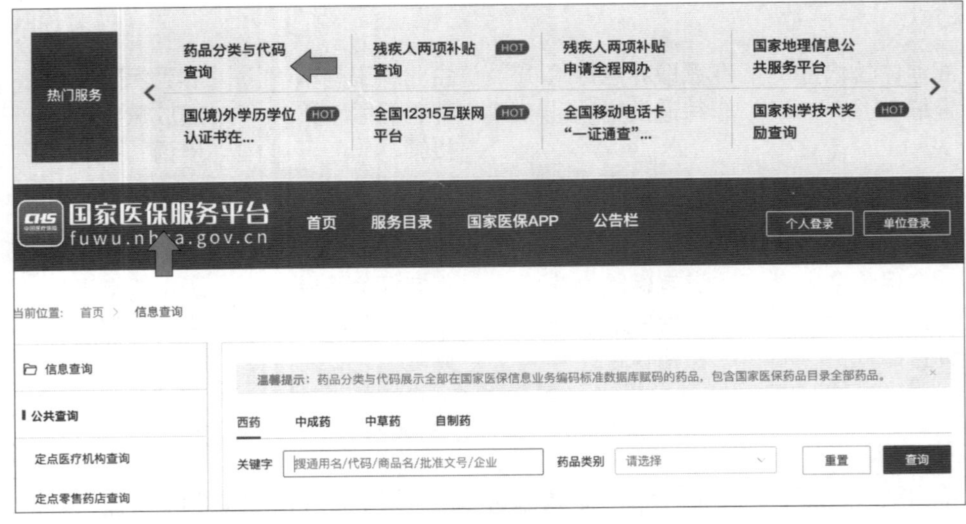

图 4-54　通过首页进入国家医保服务平台界面

如果仅是药品查询就不用登录任何信息，直接查询即可。此网站仅可查询国家医保药品目录全部药品。以布洛芬药品为例，在关键字中输入“布洛芬”，点击查询后，可以看到布洛芬相关药品的信息，包含注册名称、注册剂型、包装形式、药品企业、批准文号等。如果需要购买，需要咨询医生，并详细阅读药品说明书，切忌随心所欲购买药品。药品分类与代码查询界面如图 4–55 所示。

信息查询

公共查询

定点医疗机构查询
定点零售药店查询
医保机构查询
药品分类与代码查询
医用耗材分类与代码
医保支付方式改革试点城市
国家谈判药品配备机构查询
疾病诊断、手术操作分类与代码
医疗服务项目分类与代码

跨省费用直接结算服务查询

异地联网定点医药机构查询
统筹区开通情况查询
医保经办机构查询

温馨提示：药品分类与代码展示全部在国家医保信息业务编码标准数据库赋码的药品，包含国家医保药品目录全部药品。

西药　中成药　中草药　自制药

关键字 布洛芬　药品类别 请选择　重置　查询

序号	药品代码	注册名称	商品名称	注册剂型
1	XM01AEB173A001010...	布洛芬片	无	片剂
2	XM01AEB173A001010...	布洛芬片	无	片剂
3	XM01AEB173A001010...	布洛芬片	无	片剂
4	XM01AEB173A001010...	布洛芬片	无	片剂
5	XM01AEB173A001010...	布洛芬片	无	片剂
6	XM01AEB173A001010...	布洛芬片	无	片剂
7	XM01AEB173A001010...	布洛芬片	无	片剂
8	XM01AEB173A001010...	布洛芬片	无	片剂
9	XM01AEB173A001010...	布洛芬片	无	片剂

总共812条 显示1–10条　1 2 3 4 ... 82 > 10条/页　跳转至第 1 页

最小包装数量	最小制剂单位	最小包装单位	药品企业	批准文号
24	片	盒	生堂制药有限公司	国药准字H2
100	片	瓶	波迪药业有限公司	国药准字H44
1	片	瓶	南药业集团有限...	国药准字H44
100	片	瓶	业股份有限公司	国药准字H44
100	片	瓶	雪药业有限公司	国药准字H440
10	片	盒	岐制药股份有限...	国药准字H440
12	片	盒	业集团股份有限...	国药准字H440
1	片	瓶	生药业股份有限...	国药准字H440
100	片	盒	云山医药集团股...	国药准字H440

总共812条 显示1–10条　1 2 3 4 ... 82 > 10条/页　跳转至第 1 页

图 4–55　药品分类与代码查询界面

总结与情景拓展

总结

通过以上学习，我们对如何利用数字技术参与社会事务有了初步认识，能够使用应用软件制定和修改活动的预算，能够使用手机银行和手机支付软件进行物品采买支付，能够通过政府公众号等网上政务系统办理事务，将数字技术深度融合进日常生活和工作。

应用场景拓展

小林每天都会使用手机支付进行日常消费，手机支付可以选择多个支付平台，如支付宝、微信、银行卡自带支付平台、云闪付、翼支付等，在进行网络购物时，也会在支付页面选择支付方式。同时，每一笔支付也可以绑定记账软件进行记录，不需要再手动添加。除了手机支付，小林也关注网络平台的公益活动，如支付宝上的关爱贫困山区儿童用餐问题，中国慈善基金会平台上捐赠项目等。他也在提供网络服务的政务平台或公众平台上办理业务。请你根据自己的生活实际，使用数字技术参与社会事务吧。

即学即用

1. 请简述使用地图软件查询公交车路线的基本流程。

2. 请简述召开网络会议的基本流程。

3. 请简述使用外卖软件购物的基本流程。

4. 你平时会用到政府提供的哪些数字服务？请举例说明你是怎么使用的。

数字安全能力

学习目标

1. 能在日常生活中保护个人数据信息与隐私。

2. 能防治数字设备的病毒程序，拦截骚扰广告。

3. 能预防和识别网络诈骗。

4. 能在数字工作和生活中遵守信息安全法规。

学习导读

小浩是公司企划团队新入职的员工，公司负责人根据公司推行数字化办公的需要及小浩年轻好学的个性，特意安排小浩负责团队中的IT模块管理，负责对团队业务工作实施过程中涉及的各类数字设备进行统筹管理，业务职责涵盖了数字设备的数据管理、数字设备数据安全意识普及等。

小浩接到工作任务后，对在团队小组日常沟通交流时所获得的资讯进行归纳整理，特别是针对团队中不少老前辈对数字设备应用仍显生疏且单一、网络安全意识淡薄的问题，计划从个人数据与隐私保护、健康数字环境保护两个大的方面着手推进能力提升。

随着互联网的不断发展，人们在日常生活中对数字设备的使用愈发频繁，企业在智能化办公方向的推广亦愈发深入，小浩需要在日常团队协作中提升团队成员对个人数据信息与隐私的保护意识、普及数据信息相关的法律法规、宣传网络诈骗的常见手段和危害。

数字安全能力是在信息加工的过程中，有意识维护个人数据和隐私，维护个人设备的健康环境的能力。

有意识维护个人数据和隐私就是要保管好个人的账号和密码，不随意填写个人敏感信息，对储存有个人数据的数字设备定期进行安全检查和数据清理，对重要的数据要进行备份储存。

本章以个人账户维护和信息数据清理为例，学习个人数据和隐私保护技能，以病毒查杀、广告过滤、诈骗防范及网络和数据安全法规为例学习数字设备环境保护能力。

第 1 节　个人数据与隐私保护

学习目标

1. 能够根据要求做好个人账号信息及隐私保护措施。

2. 能够利用软件和数字设备系统功能清理或抹除个人隐私数据。

学习导读

中国信息通信研究院 2021 年发布的《中国信息消费发展态势报告》显示，在消费群体方面，我国网民规模持续扩大，突破十亿。作为网民经常接触的电脑和手机设备却被发现部分软件及手机 App 在正常使用过程中会出现调用个人信息和索取权限的活动，甚至不同手机 App 之间有时也需要共享位置、通讯录等敏感信息，个人数据与隐私保护能力的提升迫在眉睫。

近年来，我国个人信息保护力度不断加大，但在现实生活中，一些企业、机构甚至个人，从商业利益等目的出发，随意收集、违法获取、过度使用、非法买卖个人信息，利用个人信息侵扰人民群众的生活安宁、危害人民群众的生命健康和财产安全等问题仍十分突出。

为进一步加强个人信息保护的法制保障、维护网络空间良好生态、促进数字经济健康发展，《中华人民共和国个人信息保护法》于 2021 年 11 月 1 日实施。

虽然，个人数据有了国家法律的保护，但个人还是要在日常工作和生活中更好地保护账号密码隐私，加强个人信息保护，能够对数字设备权限进行管理，掌握如数据清理、数字清除等操作，保护好个人隐私数据。

一、App 程序个人账号注册与权限设定

微故事导入

老吴是小浩公司后勤部的老员工，他羡慕年轻人在网上买回各种各样的物品，也想学会在淘宝上购物，于是向小浩请教相关方法。小浩在详细获知老吴的需求后，决定以支付宝为例帮助老吴掌握常见 App 程序的注册及权限设定。

1. App 的个人账号注册与密码修改

注册支付宝 App 个人账号并修改登录密码的操作方法如下。

（1）注册支付宝账号

在安装有安卓 / 鸿蒙操作系统的移动端中安装支付宝 App 程序。打开支付宝应用，点击“注册账号”，输入手机号码，点击“注册”，填写验证码验证，如图 5–1 所示。验证码校验成功后，账号注册成功，进入支付宝 App 首页，如图 5–2 所示。

图 5–1　支付宝注册界面

（2）设置支付宝登录密码

用手机登录支付宝应用，点击右下角的“我的”，然后点击右上角的小齿轮图标，进入设置界面。在设置界面中点击“账号与安全”→“登录设置”→“修改登录密码”，等待安全检测完成后，点击“立即修改”，填入新密码后保存即可，如图 5–3 所示。

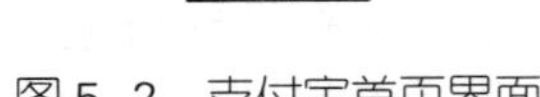

图 5–2　支付宝首页界面

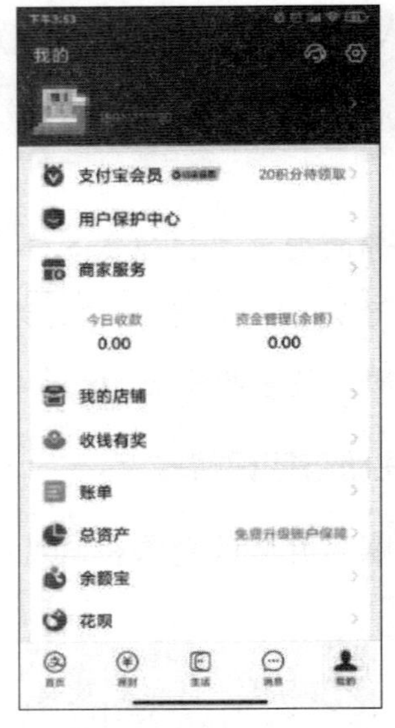

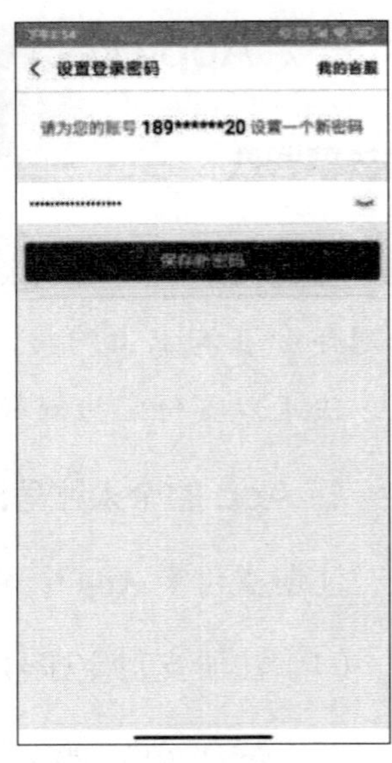

图 5–3　设置支付宝登录密码

2. 调整 App 程序个人隐私的获取权限

在数字时代，App 程序通过收集用户信息为用户生活提供便利的同时，也带来了个人隐私信息被泄露的潜在危险。合理限制应用软件获取个人信息的权限可以有效地保护个人信息和隐私。在华为鸿蒙操作系统环境中，保护支付宝 App 和 QQ 的个人数据及隐私安全的部分常用设置如下。

（1）调整支付宝 App“录音”权限。点击“设置”→“应用设置”→“授权管理”→“应用权限管理”→“应用管理”，点击支付宝，进入支付宝 App 权限管理，可以进行相关权限调整，如图 5–4 所示。点击【录音】，有拒绝、询问、仅在使用中允许和始终允许四种权限，根据需要设置为询问，避免关闭 App 后，在用户不知情下后台静默开启设备录音功能，如图 5–4 所示。

（2）调整 QQ“相机”权限。手机点击“设置”→“应用设置”→“授权管理”→“应用权限管理”→“权限管理”，点击“相机”权限管理，可以对其进行相机权限调整，如图 5-5 所示。点击 QQ 应用，有“拒绝”“询问”和“仅在使用中允许”三种权限，根据需要设置为“仅在使用中允许”，避免关闭 App 后，在用户不知情下后台静默开启设备拍摄功能，如图 5-5 所示。

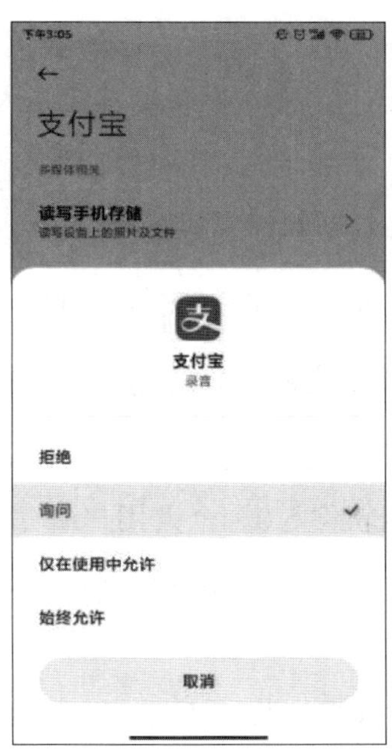

图 5-4 “支付宝”应用管理设置权限

图 5-5 “QQ”权限管理应用设置

二、清除设备个人隐私信息痕迹

微故事导入

考虑到实际使用网络平台及程序的过程中产生的冗余数据会涉及包含设备使用、网络浏览痕迹、账户信息缓存等个人隐私数据，成为恶意软件盗取信息的目标。小浩决定顺便告诉老吴如何定期快捷清理冗余数据，一是减少空间占用，二是降低个人隐私信息被泄露的风险。

清理电脑垃圾文件和微信缓存的操作方法如下。

1. 使用火绒安全软件清理电脑垃圾文件

（1）下载火绒安全软件。访问火绒安全软件官网：https：//www.huorong.cn/，选择“火绒安全软件 5.0（个人用户）”，并下载对应的安装包。双击运行安装包，并通过“浏览”按钮选择相应的安装路径，点击“极速安装”开始安全程序的安装。

（2）安装完成后，打开火绒安全软件，单击“安全工具”，选择系统工具中的“垃圾清理”，如图 5–6 所示。

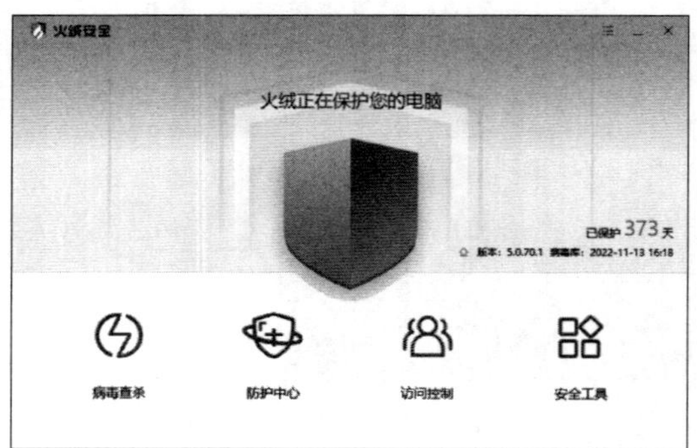

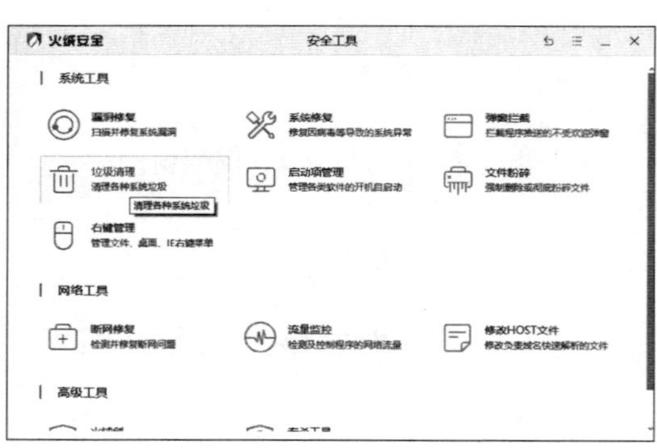

图 5–6　火绒安全软件界面

（3）单击“开始扫描”进行电脑垃圾文件的扫描。扫描完成后单击“一键清理”即可完成清理，如图 5–7 所示。

2. 清理微信缓存

微信作为我们日常常用的信息交流工具，在长期的应用中会产生大量缓存文件，其清理方法如下。

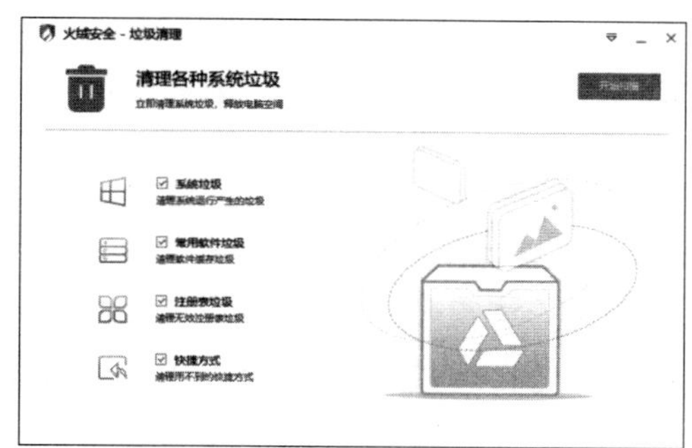

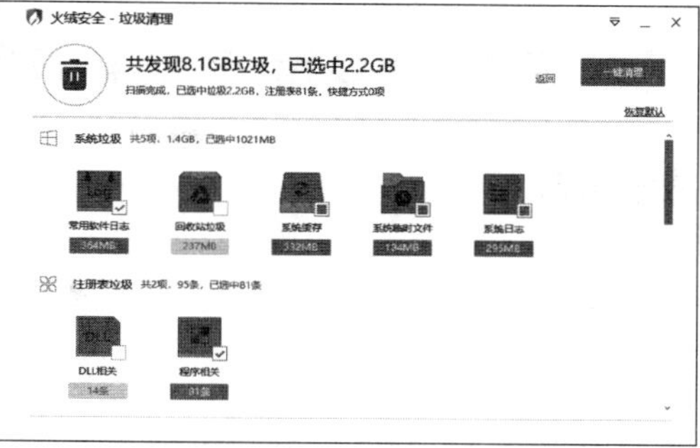

图 5-7　火绒安全软件“垃圾清理”界面

打开微信，依次选择“我”→“设置”→“通用”→“存储空间”，点击“缓存”中的“前往清理”，再点击确定，即可完成清理，如图 5-8 所示。

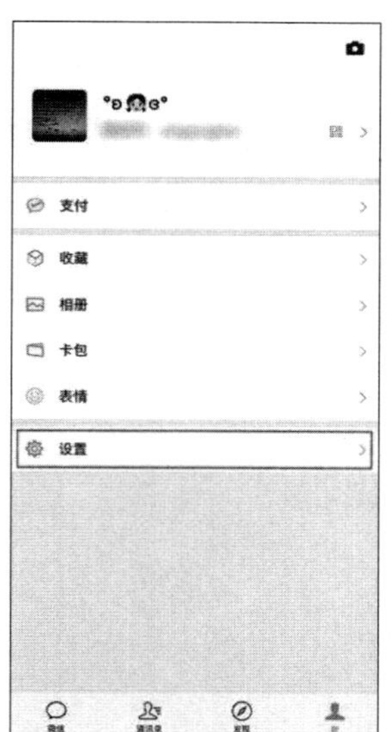

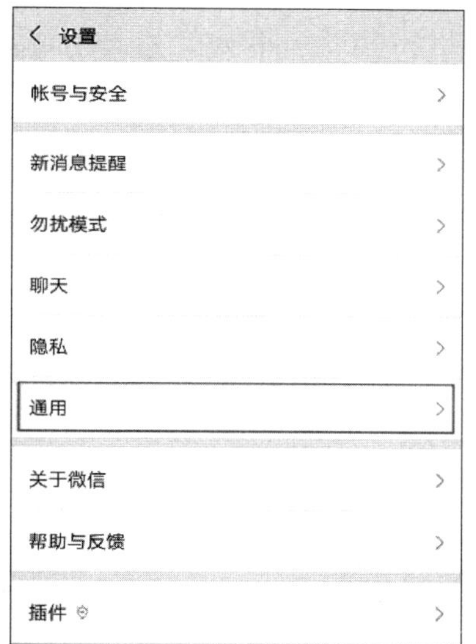

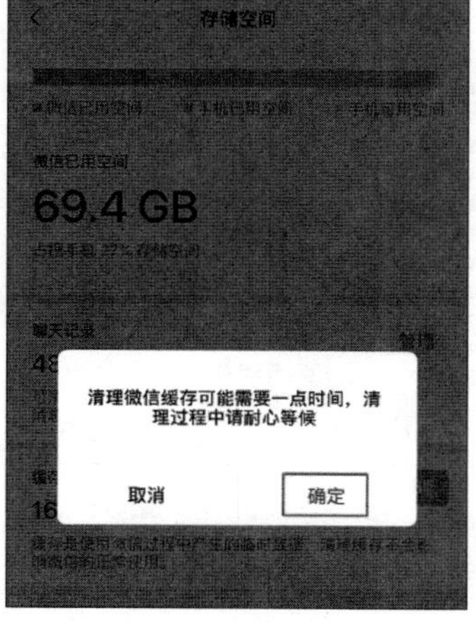

图 5-8　微信缓存清理界面

三、清除数字设备的个人隐私数据

微故事导入

原有的电脑及平板电脑已无法满足老吴的日常使用需求，他想通过某电商平台以旧换新的方式来购买一台新设备。老吴看过因出售设备而泄露个人隐私信息的新闻报道，因而向小浩咨询解决方法。小浩收到老吴求助后指导老吴如何抹除设备数据以保护个人隐私。

清除电脑和苹果手机上的个人隐私数据的操作方法如下。

1. 在 Windows 操作系统中对电脑数据进行清除

（1）使用 Diskgenius 软件进行清除。下载并启动 Diskgenius 软件。在 Diskgenius 界面的左侧“磁盘”浏览界面中，点击选中的磁盘分区后，再依次点击主界面顶部菜单栏中的“工具”→“清除扇区数据”选项，如图 5–9 所示。在弹出的“清除扇区”窗口中，选好相关设置后点击“清除”即可，如图 5–10 所示。最后依次对需要清除数据的磁盘分区重复相同的操作即可。

（2）利用 360 安全卫士的“系统重装”工具清除分区数据。

图 5–9　Diskgenius 的工具菜单

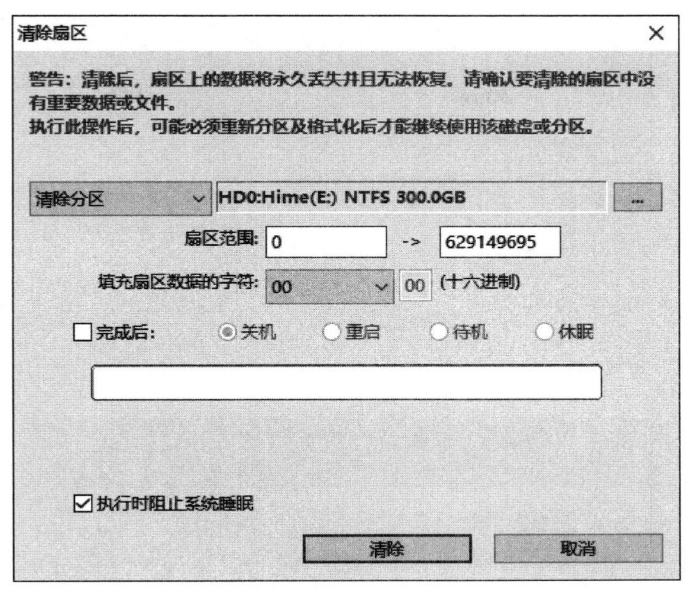

图 5–10　Diskgenius“清除扇区”界面

安装并运行 360 系统重装大师，在主界面中点击“重装环境检测”，检测现有系统是否符合重装的条件，如图 5–11 所示。

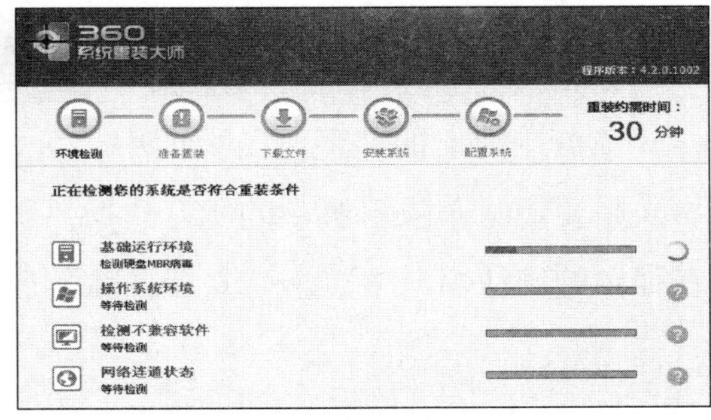

图 5–11　360 系统重装大师环境检测界面

通过重装环境检测后，360 系统重装大师会通过互联网下载相关系统文件并实施系统重装操作，如图 5–12 所示。最后，点击主界面右下方的“立即重启”按钮重启电脑即可。重新启动的操作系统是初始状态，原有的所有个人使用数据均被清除。

2. 苹果手机的数据清除

（1）在苹果 IOS 操作系统的主界面中找到并点击齿轮状图标的“设置”程序，再点击左侧的“通用”，在弹出的“通用”菜单中点击“还原”选项，如图 5–13 所示。

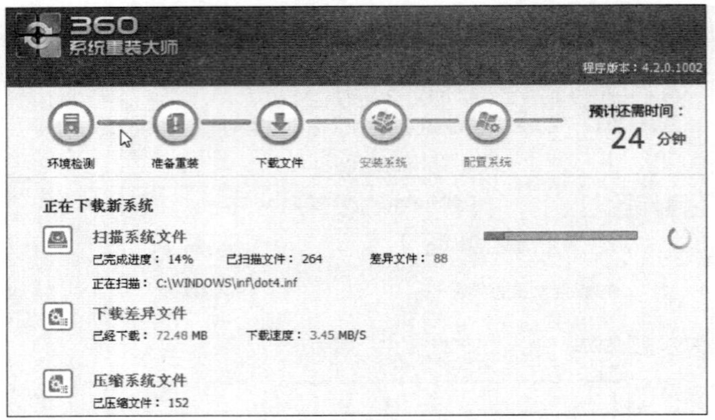

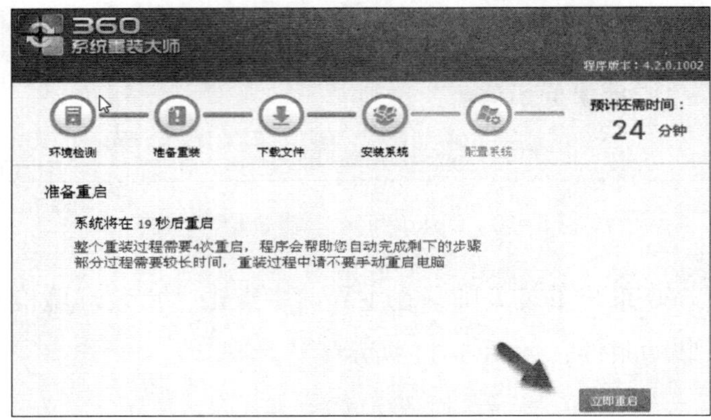

图 5-12　360 系统重装大师下载文件界面

（2）在弹出的“还原”页面中，可以对操作系统的多个设置进行还原。由于本次是要清除苹果手机中的所有数据，所以直接选择“抹掉所有内容和设置”，并在弹出的确认窗口中点击“立即抹除”选项即可，如图 5-14 所示。

图 5-13　苹果系统“通用”设置

图 5-14　苹果系统“还原”设置

总结与情景拓展

总结

通过以上学习，我们对个人数据与隐私保护有了初步的认识，能够为App程序设置合适的密码与隐私权限；能够通过第三方数据管理软件和恢复设备出厂设置的方式清除常见数字设备的个人数据，以保护个人隐私信息的安全。

应用场景拓展

工业和信息化部委托中国信息通信研究院联合互联网、手机终端、电信运营商等产业链各环节成立App用户权益保护标准工作组，按照“知情同意”和“最小必要”原则组织制定了《App收集使用个人信息最小必要评估规范》《App用户权益保护测评规范》等标准，明确了检测要求和方法，为监管提供了更加明确的依据。

请你查询诸如微信、抖音、微博等App程序的“个人信息收集清单”“第三方信息数据共享”内容。

第2节　健康数字环境保护

学习目标

1. 能够列举数字设备病毒程序的类型，使用安全软件进行病毒程序的预防、处理及骚扰广告的拦截。
2. 能够说明网络诈骗的类型、特点及危害性，快速分辨及举报钓鱼网站和诈骗网站。
3. 能够列举涉及网络、数据和个人信息安全保护的相关法律法规。
4. 能够规范地发表网络言论，正确使用网络举报平台。

学习导读

党的十八大以来，以习近平同志为核心的党中央准确把握信息时代发展潮流，加强对治网管网工作的总体布局和统筹谋划，作出了建立网络综合治理体系的重大部署。因而，加强数字环境保护，引导人民正确对待和发表网络言论，提升人民的个人数据安全意识及相关法律法规认知水平，将有效地提高我国的网络文明建设水平。

数字时代，各种信息在网络空间呈爆炸式增长，为人们生活提供便利之余，也导致网络环境出现泛娱乐化、极端化和戏谑化倾向，不利于和谐社会的建构。在此背景下，构建健康的数字环境，需要加强互联网内容建设，充分发挥数字化、网络化、智能化传播优势，保障数字舆论环境，将成为信息化社会发展的重要保障。

一、数字设备病毒防治与非法广告过滤

微故事导入

小浩同事的电脑在运行了一个从网上下载的软件程序后，出现系统运行变得缓慢、经常弹出各种类型的骚扰广告、部分文件夹无故消失、部分程序无法正常运行等问题。小浩接到同事的求助后，通过调用该设备的任务管理器查看后台并发现多个可疑进程，他决定安装安全软件进行安全扫描及拦截骚扰广告。

1. 病毒查杀

以火绒安全软件为例，操作方法如下。

（1）启动火绒安全软件，进入主操作界面，如图 5–15 所示，在该界面中，分别可以实现病毒查杀、防护功能设置。

（2）点击“病毒查杀”，在安全软件提示病毒库已完成升级后，进一步选择查杀方法即“全面查杀”“快速查杀”“自定义查杀”，如图 5–16 所示，三者的功能与应用场景见表 5–1。通过分析，小浩同事的数字设备的故障表现，均符合数字设备感染了病毒程序的特征，因此应该进行“全面查杀”，对该数字设备的整个硬盘数据进行深度扫描，以查杀病毒程序。需要注意的是，在全盘查杀病毒程序的过程中请尽量避免进行其他操作，查杀结束后要遵循提示重启设备并完成整个查杀工作。

图 5-15　火绒安全软件主操作界面

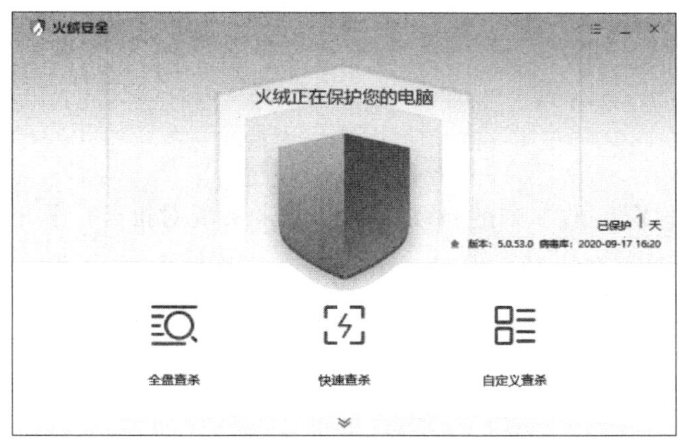

图 5-16　火绒安全软件病毒查杀界面

表 5-1　火绒安全软件病毒查杀功能表

功能选项	功能作用	适用场景
全面查杀	将对数字设备磁盘所有数据进行检查	数字设备出现病毒程序感染症状
快速查杀	将对数字设备内存及操作系统中关键设备与区域中的数据进行检查	日常检查
自定义查杀	将根据用户的需求对指定区域的数据进行检查	能大概明确病毒程序的感染位置

2. 推广广告拦截

以火绒安全软件为例，拦截骚扰广告的方法如下。

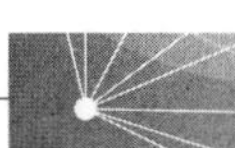

（1）打开火绒安全软件，点击“安全工具”，在“安全工具”界面找到“弹窗拦截”，如图 5–17 所示。

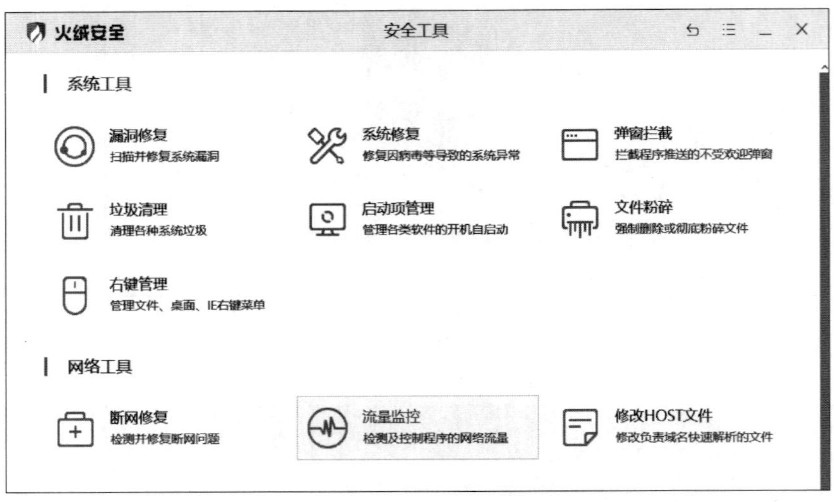

图 5–17　安全工具界面

（2）开启“弹窗拦截”中的自动拦截功能来实现对推广广告的拦截。“弹窗拦截”提供的拦截方式有三种：自动拦截、截图拦截和窗口记录，如图 5–18 所示。一般情况下，自动拦截就可以拦截一般程序推送的骚扰广告，但一些顽固骚扰广告无法自动拦截，可用截图拦截或窗口记录来完成拦截。

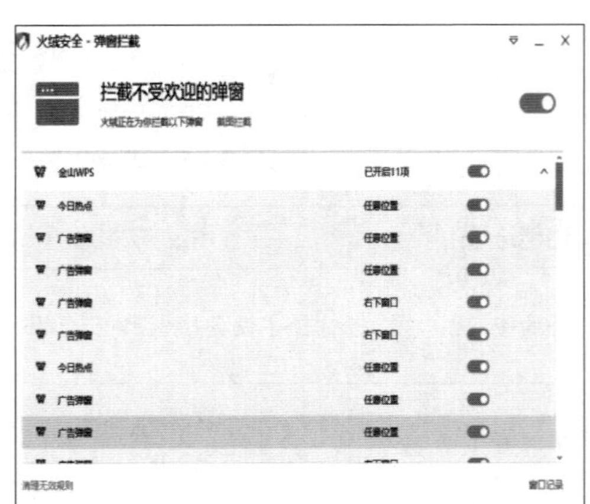

图 5–18　弹窗拦截

（3）在进行“弹窗拦截”的具体细项设置时，必须勾选“开机启动”，使“弹窗拦截”功能跟随设备的开启而启动，以达到及时拦截推广广告的目的，如图 5–19 所示。

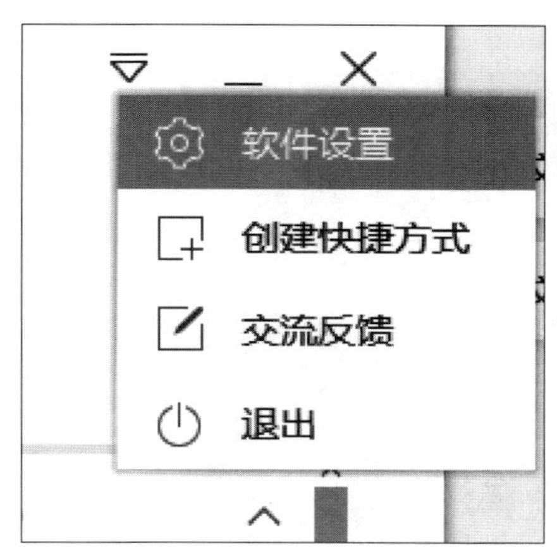

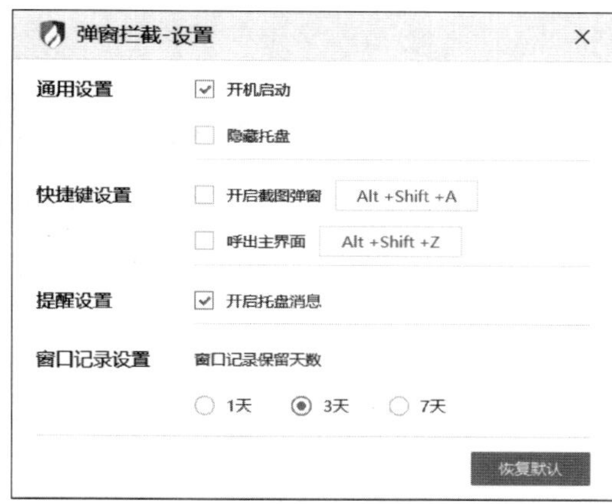

图 5-19　弹窗拦截设置

二、网络诈骗与防范

微故事导入

小浩在月底网络诈骗防范培训中，首先说明现在流行的几种网络诈骗类型，阐述网络诈骗的特点和危害，并且教导同事们如何分辨及举报钓鱼网站和诈骗网站。

网络诈骗指以非法占有为目的，在网络上以各种形式向他人骗取财物的诈骗手段。

1. 常见的网络诈骗类型

（1）利用盗号和网络游戏交易进行诈骗

这类诈骗包括通过冒充通讯好友借钱、网络游戏装备及游戏币交易进行诈骗等。

（2）网络购物诈骗

这类诈骗包括多次汇款、假链接和假网页、拒绝安全支付、收取订金骗钱、约见汇款、以次充好等。

（3）“网络钓鱼”诈骗

这类诈骗包括不法分子利用传播软件随意向邮箱用户、网络游戏用户、即时通信用户等发布中奖提示信息，多以中奖、顾问、对账等内容引诱用户在假冒的银行网站链接中填入金融账号和密码，从而被不法分子窃取等，如图 5-20 所示。

图 5-20 “网络钓鱼”诈骗

2. 网络诈骗特点

（1）网络诈骗空间虚拟化、行为隐蔽化

犯罪主体与受害人无需见面，一般通过网上聊天、电子邮件等方式进行联系，就能在虚拟空间中完成犯罪。犯罪主体在作案时常常刻意虚构事实、隐瞒身份，加上各种代理、匿名服务，使得犯罪主体的真实身份深度隐藏，从而难以确定嫌疑人所在地。

（2）网络诈骗低龄化、低文化、区域化

犯罪主体年龄均不大，文化程度较低，且作案人籍贯或活动区域呈现明显的地域特点。

（3）网络诈骗链条产业化

网络诈骗呈现出地域产业化特点，在这些高危地区往往围绕某种诈骗手法形成了上下游产业，且逐渐形成了一条成熟完整的地下产业链。

（4）网络诈骗行为手法多样化，更新换代速度快

网络诈骗手法多样，且不断更新换代，新型诈骗手法层出不穷。

（5）网络诈骗高危人群手法多元化、交叉化趋势明显

网络诈骗呈现明显的地域特点，某一种网络诈骗的手法相对在某一地区较为集中和活跃，但近年来诈骗高危人群、诈骗手法交叉趋势十分明显。

3. 如何防范并举报网络诈骗

（1）安装国家反诈中心 App

国家反诈中心 App 由中华人民共和国公安部刑事侦查局组织开发，是一款能有效预防诈骗、快速举报诈骗内容、提升防范意识的反电信诈骗应用。用户还可在 App 中学习反诈信息。

苹果手机用户可以在 App Store 中搜索下载“国家反诈中心”并安装注册。华为、小米等手机用户可以在其自带的应用商店中搜索下载“国家反诈中心”并安装注册。

（2）分辨和识别钓鱼网站 / 诈骗网站

1）仔细查看网站链接，钓鱼网站 / 诈骗网站会用相似的字母或数字混淆视听，如字母“o”和数字“0”、字母“i”和数字“1”等。

2）注意观察网站网页上的内容，当网页上有内容显示异常，但网页却没有进行相应的通知时，就要提高警觉。

3）注意浏览器地址栏的末尾是否有加密锁标志。

4）如果访问的是网银或支付宝界面，要注意看清链接的开头，正规网银或支付宝是以“https”开头的。

5）数字设备中可以安装火绒等安全软件，此软件会在访问网站时辨别真假，方便用户快速识别诈骗网站。

（3）分辨盗号和网络交易诈骗

1）尽量避免点击手机短信中的链接，尤其是链接中要求输入个人信息的时候需要警惕。

2）遇到亲友借钱，在转账之前优先通过电话确认。确认完毕后再考虑是否进行转账，若电话打不通坚决不要转账。

3）陌生人的电话要保持警惕，遇到冒充公检法机关工作人员的电话，可以通过直接拨打对应机构的公开业务电话进行确认。

（4）举报钓鱼网站 / 诈骗网站，净化网络环境

当我们遇到钓鱼网站的时候，首先要做的就是保护好自己的信息安全，在这

个前提下，我们应该积极地向相关组织举报该网站，避免更多的人受骗上当。钓鱼网站 / 诈骗网站在线举报流程如下。

1）打开微信“搜一搜”，在搜索框内输入“12321”，搜索并关注“12321 受理中心”微信公众号。

2）点击公众号底部菜单栏，选择“其他投诉”→“网站”。

3）输入网站地址，选择不良类型“钓鱼及诈骗”，填写关于钓鱼网站的具体描述及被骗过程，确认信息无误后点击“投诉”，即可完成举报，如图 5–21 所示。

图 5–21　“12321”钓鱼及诈骗信息投诉举报界面

三、网络及数据安全法规

微故事导入

小浩在网络安全宣传周期间，准备策划组织一个宣传活动，为公司职工普及基本的网络安全知识，增强数据安全防范意识，提高个人信息防护技能，他需要提前再学习一下相关法律的知识。

《中华人民共和国网络安全法》《中华人民共和国数据安全法》和《中华人民共和国个人信息保护法》是我国数据和网络安全的三部基础法律。《中华人民共和国网络安全法》主要立法目的是保障网络安全，维护网络空间主权和国家安全、社会公共利益，重点关注“网络自身的安全”。《中华人民共和国数据安全法》则旨在保障数据安全，同时关注数据处理活动与数据开发利用。《中华人民共和国个人信息保护法》则在寻求个人信息安全的基础上，促进信息的合理流通与利用，维护公民个人的隐私、人格、财产等利益。三部法律立法进程如图 5-22 所示。

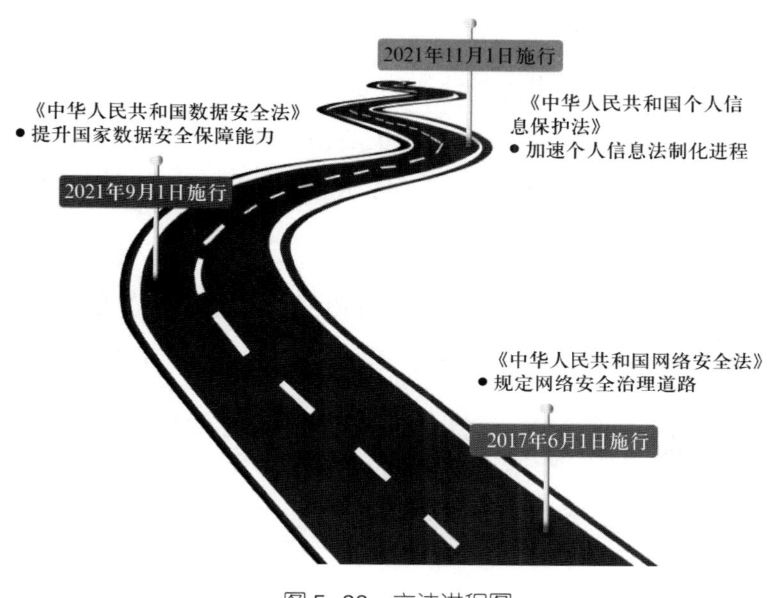

图 5-22　立法进程图

1. 网络安全法律

《中华人民共和国网络安全法》自 2017 年 6 月 1 日起施行，是我国第一部全面规范网络空间安全管理方面的基础性法律，是我国网络空间法治建设的重要里程碑，是依法治网、防范网络风险的法律重器，是让互联网在法治轨道上健康运行的重要保障。《中华人民共和国网络安全法》是为保障网络安全，维护网络空间主权和国家安全、社会公共利益，保护公民、法人和其他组织的合法权益，促进经济社会信息化健康发展而制定的法律。

该法总共有七章，分别是总则、网络安全支持与促进、网络运行安全、网络信息安全、监测预警与应急处置、法律责任、附则。

2. 数据安全法律

数据是新兴事物，在数据安全专门法施行前有关数据的规定可见于相关法律法规及其他规范，如《中华人民共和国民法典》《中华人民共和国网络安全法》

《信息安全技术个人信息安全规范》等。《中华人民共和国数据安全法》自2021年9月1日起施行，是我国首部比较全面的、效力层级较高的、专门针对数据安全的法律。该法以数据安全为核心，涵盖了个人信息、政务数据等各类型数据，涉及了数据利用与安全发展，规定了数据安全工作机制、职责与保护制度，兼顾了政务数据安全与开放。

3. 个人信息保护法律

《中华人民共和国个人信息保护法》自2021年11月1日起施行。在信息化时代，个人信息保护已成为广大人民群众最关心最直接最现实的利益问题之一。App过度索要权限、强制同意、过度收集用户个人信息、“大数据杀熟”等痛点，都是这部法律的精准打击对象。

该法进一步细化、完善个人信息保护应遵循的原则和个人信息处理规则，明确个人信息处理活动中的权利义务边界，健全个人信息保护工作体制机制。

四、规范发表网络言论

微故事导入

小浩所在的公司准备在微博上注册公司的微博账号，发表相关的产品信息及言论，以宣传公司的文化及产品，提升自身影响力。公司将该工作交给小浩负责，小浩开始学习微博账号使用及言论发布技巧。

1. 规范发表网络言论

互联网作为一个强大的信息流动平台，为人们带来了巨大的便利。通过数字设备上的微信、微博、新闻客户端等程序，人们可以方便地浏览各类新闻消息，与他人进行交流。但是，互联网上匿名发布消息的特点降低了不当言论的发言成本，让个别人对自身的言行无所顾忌。

互联网宽松、和谐、自由空间的不断拓展，是社会文明进步的表现，这源于网民文明意识的提高和网上文明行为的长期积淀。因此，我们应加强对网络语言的规范，减少网上违法违规的言行。

微博平台发布留言信息，操作方法如下。

（1）首先登录微博，点击右下角的“我”，如图5–23所示。

（2）点击“关注”，在弹出的界面点击“关注的人”，最后点击“留言对象”，如图 5–24 和图 5–25 所示。

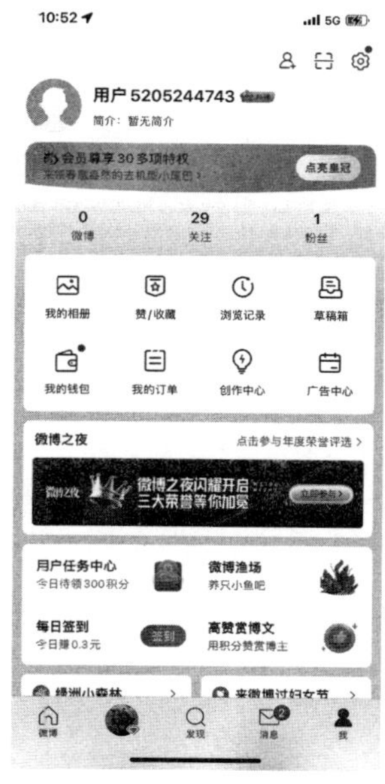

图 5–23　微博个人信息界面

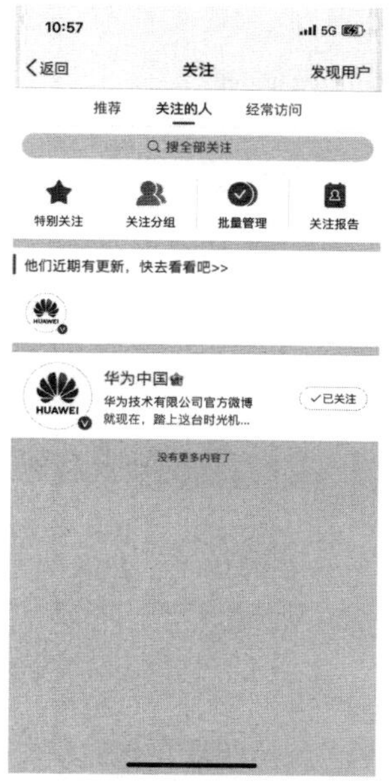

图 5–24　微博“关注的人”界面

（3）进入留言对象主页后，点击下方“私信”，输入留言信息，然后点击“发送”，这样就留言给对方了，如图 5–26 所示。

图 5–25　微博留言对象主界面

图 5–26　微博留言界面

第5章　数字安全能力

2. 正确使用网络举报平台

在互联网上传递正能量、抵制谣言、构建健康的网络环境应当遵守法律法规、社会主义制度、国家利益、公民合法权益、社会公共秩序、道德风尚、信息真实性等七条底线原则。

当发现网上有人发布不实言论，可以向发布信息的网络平台进行举报，要求网络平台删除不实言论。网络谣言、虚假信息等不良信息，扰乱正常网络环境，为维护和谐的互联网环境，我们必须采取有效的措施应对，正确使用网络举报平台。

在微信上投诉，操作方法如下。

（1）打开微信聊天界面，找到要投诉举报的微信用户，进入后点击右上角“…”图标，如图 5–27 所示。

（2）在页面最下方找到“投诉”并点击，如图 5–28 所示。

（3）按实际情况选择投诉原因，如图 5–29 所示。

（4）提交投诉证据，提交后，完成投诉，如图 5–30 所示。

（5）投诉成功后，会接收到微信团队发来的通知信息，如图 5–31 所示。

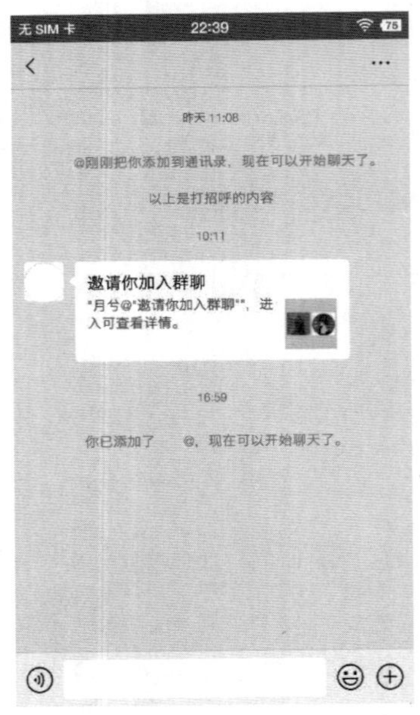

图 5–27　微信聊天界面

图 5–28　微信聊天信息界面

图 5–29　微信投诉原因界面

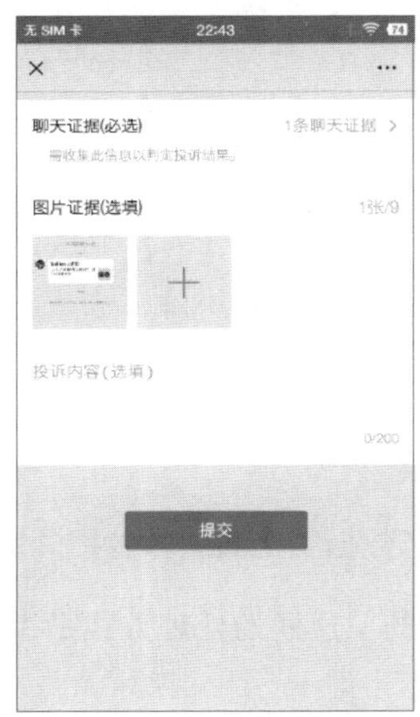

图 5–30　微信投诉提交界面

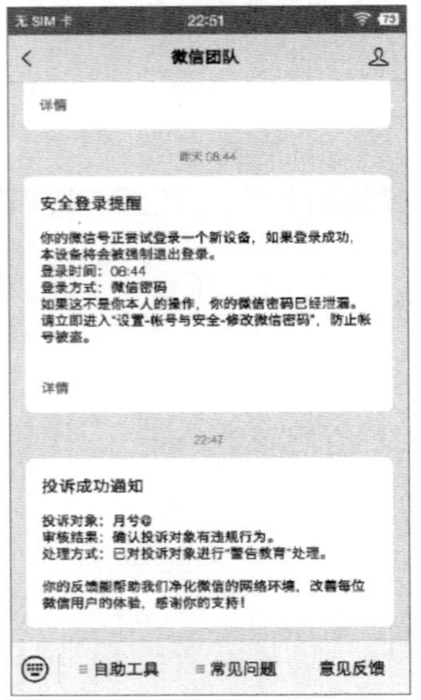

图 5–31　投诉成功通知界面

总结与情景拓展

总结

通过以上学习，能掌握常见的病毒预防与处理和拦截骚扰广告的方法，了解网络诈骗的类型、特点及危害，掌握网络安全、数据安全等法律法规，规范发表网络言论。

应用场景拓展

小浩发现他的电脑设备被病毒程序感染，安全软件无法正常启动，重新安装软件时，软件安装包被病毒程序恶意删除。如果你是小浩，应该怎样尽量保证在原有数据不被损害的情况下，完成对该病毒程序的查杀？

即学即用

1. 专门保护网络安全、个人信息安全和数据安全的法律名称分别是什么？

2. 请说说你是如何处理旧的数字设备的。这样的处理方式是否存在个人隐私和数据泄露问题？为什么？

3. 请举例说明如何辨别和拦截网络广告。

4. 如果发现有诈骗网站和不当言论，应该如何处理？